Angelika Schmelzer

Pferd und Reiter

Verständnis und Verständigung

Müller
Rüschlikon

Impressum

Einbandgestaltung: Kornelia Erlewein

Titelbild und Aufnahmen im Innenteil: Angelika Schmelzer

ISBN 978-3-275-01994-6

Copyright © 2014 by Müller Rüschlikon Verlag
Postfach 103743, 70032 Stuttgart
Ein Unternehmen der Paul Pietsch Verlage GmbH & Co. KG
Lizenznehmer der Bucheli Verlags AG, Baarerstr. 43, CH-6304 Zug

1. Auflage 2014

Sie finden uns im Internet unter www.mueller-rueschlikon-verlag.de

Lektorat: Claudia König
Innengestaltung: Kerstin Diacont
Druck und Bindung: Appel & Klinger, 96277 Schneckenlohe
Printed in Germany

Einleitung

1. Einleitung

Ein Pferd ist ein Pferd, ein Mensch ein Mensch – bis er im wahrsten Sinne des Wortes aufsteigt und zum Reiter wird. Doch dieser »Aufstieg« ändert nichts am Mensch-Sein, ebenso wenig wie es fundamentale Unterschiede zwischen einem »Pferd« und einem »Reitpferd« gibt. Weil Pferde stets Pferde bleiben, nicht anders können, weil auch reitende Menschen immer noch schlicht Menschen sind und ebenfalls diesbezüglich keine Wahl haben, ist die Annäherung zwischen diesen beiden grundverschiedenen Lebewesen mit Hindernissen vom Schwierigkeitsgrad eines Mächtigkeitsspringens nur so gespickt. Wer über eine rein mechanische »Gebrauchsanleitung Reiten« hinaus mehr will, wer mit seinem Pferd zur Einheit zusammenwachsen möchte, muss seinen Blick über den Tellerrand der reiterlichen Nutzung hinaus auf andere Aspekte des gemeinsamen Tuns richten. Ohne effektive Verständigung, ohne gegenseitiges Verständnis kommt es zu Konflikten, zu Störungen in der Beziehung: Pferde werden falsch gehalten, unsachgemäß gearbeitet, sie machen Probleme im Umgang, es treten Verhaltensauffälligkeiten oder gesundheitliche Störungen auf. Nicht aus bösem Willen oder Gleichgültigkeit, sondern weil Menschen eben Menschen sind und deshalb mehr oder weniger viel über das Mensch-Sein, aber erst einmal kaum etwas über das Pferd-Sein wissen und weil sie ihrem Pferd gegenüber entsprechend un- oder fehlinformiert handeln.

Hat der Pferdefreund nur oder überwiegend Kontakt mit Pferden, die kein typisches, sondern ein abweichendes Verhalten zeigen, wird er dies unbewusst als Maßstab übernehmen und kein Gespür dafür entwickeln, was »normal« ist. Er wird überdies auch sein eigenes Verhalten, seine Art, mit Pferden umzugehen, darauf ausrichten.

Werden im reiterlichen Umfeld aber die arttypischen Verhaltensweisen und die daraus folgenden Bedürfnisse der Pferde nicht berücksichtigt, so können die Pferde ihr »Pferd-Sein« nicht oder nur unvollkommen ausleben und so wird der Pferdefreund falsche Vorstellungen über das »Pferd-Sein«, über Umgang, Haltung, Fütterung, entwickeln und diese fortführen.

Nur artgerecht gehaltene Pferde zeigen rasseübergreifend das pferdetypische Verhalten.

Das Wissen vom »Pferd-Sein«, also das natürliche, das arttypische Pferdeverhalten, ist keine abstrakte Wissenschaft, sondern fest in der Praxis verwurzelt, gehört zu den Erfahrungen und Kenntnissen, die sich jeder Pferdefreund aneignen kann. Es ist nichts Mystisches daran, man muss das Pferd nicht verklären, nichts hinein-geheimnissen; Pferde sind, so wie sie sind, schon faszinierend genug. Aber eben aus rein menschlicher Perspektive nicht immer leicht zu verstehen.

Wir können und dürfen Pferde »nutzen«, denn es kommt vor allem auf das »Wie« an.

Wer dann sein Pferd versteht, kann sich mit ihm verständigen, kann über effektive Kommunikation und fundiertes Miteinander zu der Harmonie gelangen, die sich jeder echte Pferdefreund wünscht. Es kommt bei diesem Miteinander immer ganz entscheidend auf das »Wie?« an, und genau damit und mit dem »Warum?«, das zum »Wie?« gehört wie der Huf zum Pferd, werden wir uns im Folgenden näher beschäftigen. Eine Reise ins »Du«, sozusagen, ins Pferd-Sein, soweit wir dies aus unserer unvollkommenen, weil eben immer rein menschlichen Sichtweise zu tun vermögen. Eine spannende Reise, auf der wir auch Überraschendes über das Mensch-Sein erfahren können ...

1 Forscher in Sachen Pferd-Sein

1. Forscher in Sachen Pferd-Sein

Woher wir wissen, was wir wissen: So arbeiten Verhaltensforscher und das haben sie über Pferde herausgefunden ...

Auf die eine oder andere Weise gehen nicht nur Autos, sondern auch unsere Freunde mit nur einem PS regelmäßig über den TÜV, der natürlich in der Pferdewelt nicht »TÜV« heißt, sondern Hengstleistungsprüfung, Fohlenschau, Dressurturnier. Durch geschulte Richter werden sie hinsichtlich bestimmter Merkmale einem Vergleich unterzogen, entweder mit anderen Pferden oder mit einem definierten Ideal. So können Eigenschaften des Gangwerks, Merkmale der Anatomie, können Ausbildungsstand oder Reiteignung überprüft und verglichen werden – eine sinnvolle Sache, da es um die Beurteilung der Zuchteignung, des Trainingsniveaus oder eine Bewertung von Ausbildungsmethoden geht. Immer werden Pferde hierbei an einer vom Menschen aufgestellten und nach menschlichen Bedürfnissen und Vorstellungen ausgerichteten Skala gemessen. Über das Pferd-Sein erfährt man im Rahmen eines solchen Pferde-TÜV nicht viel.

Ganz anders sieht die Arbeit von Forschern in Sachen Pferd-Sein, insbesondere von Verhaltensforschern aus. Sie nehmen die Sache mit dem Pferde-TÜV sehr ernst, gehen das aber ganz anders an, denn der Einfluss des Menschen würde bei ihrer Arbeit nur stören. Sie wollen wissen: Wie sind Pferde wirklich? Und das bedeutet: Wie sind sie, wenn der Mensch sich völlig raushält, wenn man den Faktor Mensch – besser gesagt, den STÖRfaktor Mensch – einmal ganz aus der Gleichung nimmt?

Ihre Forschungen haben viele Details ergeben, aber auch einige ganz grundlegende Erkenntnisse. Wenn man heute weiß, dass Pferde nur wie Pferde sein können, so klingt das ausgesprochen banal, ist aber wichtig. Damit ist gemeint, dass ALLE Pferde nur wie Pferde sein können, dass Pferderassen gemeinsame Bedürfnisse, gemeinsame Verhaltensweisen eint. Die Geschichte der Domestikation vom Wildpferd zum Hauspferd ist keine 3.000 Jahre alt, eine lächerlich kurze Zeitspanne verglichen mit der gesamten Evolution. Durch züchterischen Einfluss kam es in dieser Zeit zu einer Aufspaltung, Verdichtung und Konsolidierung gewisser Merkmale, die vor allem das äußere Erscheinungsbild, das Gangwerk, die Eignung für bestimmte Einsatzgebiete betreffen; andere Eigenschaften wie das Verhaltensinventar blieb nahezu unberührt. Unsere scheinbar so modernen Schöpfungen, die vielen Reitpferderassen, unterscheiden sich im Innersten nicht wesentlich von ihren wildlebenden Vorfahren. In jedem Springcrack, Viereckskünstler, Supertölter oder Westernkracher steckt ein Wildpferd. Und das will raus. Kann es aber oft nicht.

Heute Inventur

Wie sind Pferde, wenn sie Pferde sein dürfen? Auskunft darüber gibt eine besondere Art von Liste, genannt »Verhaltensinventar«. Das klingt ein wenig nach »Inventur« und das ist kein Zufall. Ganz ähnlich wie bei einer Inventur im Warenhaus sieht es aus, wenn sich Verhaltensforscher daran machen, ein Verhaltensinventar (auch »Ethogramm«) aufzulisten, also ein Verzeichnis aller bei einer Tierart zu beobachtenden Verhaltensweisen. Diese werden nicht nur erfasst, sondern auch im Zusammenhang dargestellt und nach ihrer Häufigkeit und Dauer

Auch in modernen Sportpferden wie dem Hannoveraner steckt ein Wildpferd.

gewichtet. So würde auf der Inventurliste beispielsweise »Kampfspiel zwischen zwei Hengstfohlen« stehen, außerdem, wann, wie häufig und unter welchen Umständen dies gezeigt wird, wie lange es dauert, wer mit wem gespielt hat, von welchen Verhaltensweisen es eingeleitet und abgeschlossen wurde. Viel Arbeit!

Mit der Zeit entsteht so ein vollständiges und differenziertes Bild. Es sind jahrelange Forschungsarbeiten notwendig, die nie wirklich abgeschlossen sind. Immer wieder gibt es neue Erkenntnisse, die alte Ergebnisse in Frage stellen und zu neuen Anstrengungen auffordern. Auch Verhaltensforscher machen Fehler, ziehen falsche Rückschlüsse – Forschung ist ein Prozess. Ein bekanntes Beispiel

sind erste Ergebnisse aus der Forschung an Wölfen, die nach Jahrzehnten durch neuere Erkenntnisse revidiert wurden: Damals forschte man zunächst an einem bunt zusammengewürfelten Rudel, das im Gehege gehalten wurde. Die so gewonnenen Erkenntnisse waren lange akzeptiert, bis später vorgenommene Freilanduntersuchungen ergaben: Vieles, was man über die Hierarchie im Wolfsrudel, über den Umgang miteinander, also über das Sozialverhalten zu wissen glaubte, war komplett falsch! Die ersten Forschungsergebnisse bildeten deshalb nicht die arttypischen Eigenschaften ab, weil die Wölfe unter nicht artgerechten Bedingungen lebten – der Störfaktor Mensch hatte dazwischen gefunkt. Aus diesem Fehler können Pferdefreunde lernen: Das Verhalten, das unsere Pferde unter nicht

Kampfspiel zweier Hengste – ein Mosaiksteinchen im Gesamtbild des Verhaltensinventars.

oder einer Erziehungsmaßnahme zu beurteilen. Man fragt: Wie pferdegerecht geht es zu, also wieweit entspricht der beobachtete Aspekt dem, was wir über natürliches Pferdeverhalten, über die arteigenen Bedürfnisse aller Pferde wissen?

Ein Ergebnis der Forschungen an wildlebenden Pferden ist etwa deren »Time Budget«: Es lässt sich ermitteln, mit welchen Verhaltensweisen ein Pferd wie viel Zeit verbringt. Es wird so und so lange schlafen, fressen, spielen, Körperpflege betreiben, Sozialkontakte knüpfen und unterhalten usw. In einem zweiten Schritt können Forscher Beobachtungen an domestizierten Pferden unter unterschiedlichen Haltungsbedingungen anstellen und aufzeichnen, wie bei ihnen jeweils das Time Budget beschaffen ist. Aus dem Ausmaß der Abweichung und Übereinstimmung ergibt sich ein Maßstab für die Beurteilung der jeweiligen Haltungsform: Wie sehr entspricht sie den natürlichen Lebensbedingungen, in einem wie großen Ausmaß ist sie geeignet, die arttypischen Bedürfnisse der darin untergebrachten Pferde zu befriedigen? Wenn ein Pferd unter natürlichen Bedingungen 60 % seiner Zeit mit der Aufnahme kleiner Mengen wenig gehaltvoller Nahrung verbringt, 20 % des Tages ruhig steht, 10 % liegt, bei reiner Boxenhaltung aber nur 16 % des Tages frisst, dafür 68 % steht und 16 % liegt, sagt dies viel über die Eignung der Boxenhaltung, wenn es um die arttypischen Bedürfnisse unserer Pferde geht.

Noch etwas wird deutlich: Das Verhalten unserer Pferde lässt sich kaum von anderen Eigenschaften und Ansprüchen trennen. Vieles an seiner Anatomie

natürlichen Haltungsbedingungen zeigen (und im Prinzip ist keine Haltungsform im eigentlichen Wortsinne natürlich) ist nicht ihr arttypisches Verhalten. Wie unsere Pferde wirklich sind, lässt sich nur aus Beobachtungen an Wildpferdeherden ableiten.

Maßstab guter Haltung

Die Forschung an Wildpferden ist der erste Schritt, ein möglicher zweiter Schritt ist der Vergleich ihres Verhaltens mit dem domestizierter Pferde. Oft lassen sich Forschungsergebnisse heranziehen, um die Güte einer Haltungsform, einer Trainingsmethode

An in menschlicher Obhut gehaltenen Pferden lässt sich kein zuverlässiger Maßstab für typisches Verhalten entwickeln.

weist auf sein großes Laufbedürfnis hin oder darauf, dass es als Fluchttier seine Umgebung stets im Blick behalten muss. So sind seine Augen so angeordnet, dass es fast rundherum in die Ferne sehen und sich absichern kann. Sein Verdauungstrakt funktioniert nur dann richtig, wenn er über den Tag verteilt mit kleinen Mengen wenig gehaltvoller, aber ballaststoffreicher Nahrung befüllt wird. Da unsere Pferde auch in der Obhut des Menschen ihre Grundbedürfnisse behalten und sich das pferdetypische Verhalten nicht von anderen Merkmalen trennen lässt, müssen wir das Verhaltensinventar schlicht als gegeben ansehen. Die arttypischen Eigenschaften sind zwar nicht in Stein gemeißelt, aber »in Eiweiß«, nämlich in ihrem Erbgut fest verankert. Die DNA unserer Pferde ist quasi ihr Inhaltsverzeichnis und das so Niedergeschriebene ist unveränderbar.

Kapitel und Unterpunkte

Beim Verhalten unterscheidet man verschiedene Kategorien – vergleichbar den Kapiteln eines Buches – auch »Funktionskreise« genannt. Diese übergeordneten Kategorien sind in sich weiter untergliedert, also mit Unterpunkten versehen, die das Verhalten mit einem Fachbegriff belegen. So findet sich etwa das Kapitel »Komfortverhalten« (was tun Pferde, damit es ihnen gut geht, wie pflegen und erholen sie sich) mit einem »Solitäre Fellpflege« genannten Unterpunkt (Fellpflege, die Pferd alleine betreibt, im Unterschied zur »Sozialen Fellpflege«, die nur gemeinsam mit einem Artgenossen funktioniert) und einer Beschreibung, wie dieses Verhalten genau abläuft, wodurch es ausgelöst, wann und wie oft es für wie lange gezeigt wird, unter welchen Umständen und mit welcher Varianz.

Die Umgebung ständig im Auge behalten zu können ist ein Grundbedürfnis aller Pferde.

Das Verhaltensinventar unserer Pferde ist genetisch fixiert.

Heute unterscheiden wir beim Pferd folgende Funktionskreise:

- Komfortverhalten (z.B. soziale Fellpflege),
- Sozialverhalten (z.B. Rangordnungsauseinandersetzungen),
- Spielverhalten (z.B. Laufspiele im Fohlenalter),
- Sexualverhalten (z.B. Werben des Hengstes um eine Stute),
- Mutter-Kind-Verhalten (z.B. Prägung),
- Fress- und Saufverhalten (z.B. Fresshaltung),
- Ruheverhalten (z.B. Schildern),
- Bewegungsverhalten (z.B. Hauptgangart),
- Ausscheideverhalten (z.B. Kotabsatz) und
- Neugier- und Erkundungsverhalten (z.B. Befußeln).

Pferde daheim, Pferde im Labor

Wie kommen Verhaltensforscher zu ihren Ergebnissen? Es gibt zwei grundsätzlich unterschiedliche Methoden, dem Pferdeverhalten auf die Spur zu kommen. Zum einen können Tierarten in ihrer natürlichen Umgebung beobachtet werden, wobei sich der Mensch als Faktor so weit wie möglich heraushält: Er beobachtet nur, er stört nicht, er mischt sich nicht ein. Jede Teilhabe oder Störung würde die Messgenauigkeit negativ beeinflussen und die Ergebnisse verfälschen. Nur so lässt sich ein Ethogramm erstellen, das tatsächlich das arttypische Verhalten in vollem Umfang und mit großer Genauigkeit beschreibt und wiedergibt. Diese Art der Forschung wird als Feldstudie bezeichnet.

Buch vom »Pferd-Sein«, Kapitel »Komfortver-halten«, Unterpunkt »Soziale Fellpflege«.

Buch vom »Pferd-Sein«, Kapitel »Komfortverhalten«, Unterpunkt »Solitäre Fellpflege«.

Beobachten wir das Verhalten von Pferden in menschlicher Obhut, sind dies keine Feldstudien, denn der Pferdestall ist nicht das arttypische Biotop des Pferdes!

Parallel, ergänzend oder alternativ können Experimente durchgeführt werden. So kann der Forscher etwa mit Hilfe experimenteller Fragestellungen Näheres über bestimmte Verhaltensweisen herauszufinden versuchen oder einzelne Ergebnisse der Feldstudien im Labor unter kontrollierten Bedingungen überprüfen. Solche Experimente können mit ganz unterschiedlichen Fragestellungen auch an domestizierten Pferden durchgeführt werden.

Vorsicht, Falle!

Trotz aller Anstrengungen der Verhaltensforscher und anderer Wissenschaftler halten sich manche Fehleinschätzungen bezüglich des Pferdeverhaltens oder arttypischer Bedürfnisse hartnäckig; sie beruhen oft darauf, dass der Pferdefreund

■ vom Verhalten einer Tierart auf eine andere schließt,

■ Rückschlüsse von menschlichem Verhalten auf das der Pferde zieht, was im Grunde dasselbe ist,

■ Ergebnisse von Feldstudien (ohne menschlichen Einfluss) und Experimenten (vom Menschen kontrollierte Rahmenbedingungen) in einen Topf wirft,

■ vom Verhalten einzelner Pferde oder von Unter-

Menschen ziehen sich gerne in ihre »Höhlen« zurück, Pferden ist dieses Verhalten fremd.

gruppen auf alle Pferde oder alle Pferde innerhalb einer Untergruppe schließt,

■ das Verhalten von unter bestimmten Bedingungen gehaltenen Pferden als Maßstab ansieht oder

■ das Pferd-Sein von unter bestimmten Haltungsbedingungen lebenden Pferden nicht auf deren Lebensumstände bezieht, sondern auf deren Rasse, Einsatzgebiet oder andere Aspekte zurückführt (»Warmblüter sind ganz anders als Islandpferde«, »Bei Freizeitpferden geht das, aber Sportpferde muss man anders halten« usw.).

Im Grunde sind alle domestizierten Pferde »Labortiere« und somit alle Erkenntnisse, die Pferdefreunde im Laufe ihres Zusammenseins mit ihnen gewinnen, mit einer gewissen Vorsicht zu genießen. Kaum jemand hat Gelegenheit, wildlebende Pferde über einen längeren Zeitraum zu beobachten und sich so einen wirklich zuverlässigen Maßstab für Pferdeverhalten anzueignen. Manchmal treibt dies seltsame Blüten: So fällt vielen wirklich netten und engagierten Reitern nicht auf, dass ihre in Boxenhaltung ohne täglichen Auslauf stehenden Pferde Verhaltensauffälligkeiten – vom Koppen über das Weben bis zu gesteigerter

Aggressivität – zeigen; sie bekommen aber fast einen Herzkasper beim Anblick einer fröhlich herumtollenden und spielenden Wallachherde und fürchten, nun würden sich diese harmlos raufenden Vierbeiner sämtlich gegenseitig umbringen oder zumindest schwerste Verletzungen durch das »unkontrollierte« Laufen und Raufen zuziehen. Sie wissen nicht, sie können nicht wissen, dass Koppen, Weben, Kreislaufen, Zähnewetzen an den Gitterstäben »nicht normal«, ritualisierte Lauf- und Raufspiele hingegen völlig »normal« sind.

Zusammengefasst ...

In Feldstudien erstellen Verhaltensforscher ein »Ethogramm« genanntes Verhaltensinventar für Pferde, das als Maßstab für das Verhalten aller Pferde gelten kann. Dieses Wissen wird ergänzt und erweitert durch Experimente, in denen speziellen Fragestellungen nachgegangen wird. Das Verhalten von Pferden, die in menschlicher Obhut gehalten werden, spiegelt nicht das arttypische Pferdeverhalten zur Gänze wider.

... heißt das für den Pferdefreund

Es ist keine gute Idee anzunehmen, das Pferde ihr Pferd-Sein ganz oder teilweise ablegen könnten oder gar bereits abgelegt hätten, denn dazu bedürfte es einer entsprechend ausgerichteten züchterischen Selektion. Die tatsächlich zu beobachtenden Unterschiede oder Auffälligkeiten im Vergleich mit wildlebenden Artgenossen sind Folge unterschiedlicher Haltungsbedingungen, unter denen die genetisch fixierten Verhaltensweisen mehr oder weniger gut ausgelebt bzw. mehr oder weniger stark unterdrückt werden.

Diese beiden jungen Hengste zeigen völlig normales Verhalten: Sie spielen.

Nicht »normal« dagegen sind Verhaltensauffälligkeiten wie das Koppen.

2 Von der Forschung in die Praxis

2. Von der Forschung in die Praxis

Was bedeuten diese Erkenntnisse der Verhaltensforscher für den Pferdefreund?

Es ist ja eigentlich ein alter Hut und Grundwissen für jeden Pferdemenschen: Pferde sind Flucht-, Lauf- und Herdentiere, das lernt man schon beim »Basispass Pferdekunde«. Kann also so schwer nicht sein – aber die volle Bedeutung für das Pferd und für das gemeinsame Tun mit dem Menschen erschließt sich erst im Laufe der Zeit.

Pferde sind Flucht-, Lauf- und Herdentiere – das heißt nicht etwa, dass sie sich bewusst dazu entschlossen haben oder eher geneigt sind, so zu sein, sondern dass ihre genetische Ausstattung, das »Programm«, nach dem ihr Verhalten abläuft, ihnen keine andere Wahl lässt. Es bedeutet auch, dass ihre Anatomie und Physiologie, also ihr Körperbau und die Art und Weise, wie ihr Körper funktioniert, auf genau diese Eigenschaften ausgelegt sind. Auch ein dauerhaft einzeln gehaltenes Pferd bleibt ein Herdentier, auch ein in der Box eingesperrtes will bei Gefahr fliehen können, auch ein bewegungsarm aufgestelltes Ross ist sein Leben lang ein Lauftier, denn seine Erbinformation und damit innere und äußere Ausstattung bleiben von den Lebensumständen völlig unbeeinflusst. Je weniger seine Lebensumstände den arttypischen Bedürfnissen Rechnung tragen, je größer also die Differenz zwischen »so müsste ich leben können« und »so lebe ich« ist, desto mehr leidet das Pferd körperlich wie seelisch – mit den bekannten Folgen.

Pferde sind Herdentiere

Eine Herde ist ein Sozialverband, der ganz unterschiedlich organisiert sein kann. Mal schließen sich Individuen lose und/oder nur zeitweise zusammen, mal bestehen enge verwandtschaftliche Beziehungen, mal ist die Gruppe streng hierarchisch strukturiert. Die Herde ist eine Schutzgemeinschaft: Gemeinsam lässt sich die Umgebung besser überwachen, können Angreifer früher entdeckt oder erfolgreicher in die Flucht geschlagen werden. In einem Sozialverband lebende Tiere müssen andere Eigenschaften und Fähigkeiten aufweisen als Einzelgänger, insbesondere müssen sie ein differenziertes Sozialverhalten entwickeln, das Ordnung und Struktur in das Miteinander bringt und eine Abstimmung untereinander ermöglicht. Dazu bedarf es kommunikativer Fähigkeiten.

Die Tatsache, dass Pferde soziale Lebewesen sind, die miteinander kommunizieren und auch untereinander ausmachen, wer wem etwas zu sagen hat, öffnet dem Menschen eine Tür. Da Menschen ebenfalls soziale Lebewesen sind, ausgestattet mit einem angeborenen Bedürfnis nach strukturierter Gemeinschaft, mit differenzierten kommunikativen Fähigkeiten und komplexem Sozialverhalten, gibt es eine gemeinsame Basis mit dem Pferd. Im Zusammensein mit dem Menschen kann das Pferd aber nur einen Bruchteil seiner angeborenen, arttypischen Verhaltensweisen ausleben; auch die gegenseitige Verständigung ist nur ansatzweise möglich.

Wie ein Pferd in der Natur lebt, hängt ganz wesentlich von seinem Geschlecht ab. Pferdeherden bestehen aus kleinen Untereinheiten, Kerngruppen genannt. Sie werden von einer Stute, ihren weiblichen und den noch nicht geschlechtsreifen männlichen Nachkommen gebildet. Den Kerngruppen ist ein Haremshengst beigeordnet, der die Stuten begattet. Er hält sie nah bei sich, sorgt dafür, dass keine die Herde verlässt oder ihm von einem männlichen Konkurrenten abspenstig gemacht wird. Oft schließen sich sogar mehrere Gruppen aus Stuten-Kerngruppen und Haremshengst zu großen Herden zusammen, sodass es auch zum direkten Miteinander oder zumindest Nebeneinander verschiedener Haremshengste kommen kann. In die Kerngruppe hineingeborene Stutfohlen bleiben darin, Hengstfohlen werden vertrieben, wenn sie geschlechtsreif sind. Diese jungen Hengste schließen sich zu Junggesellenherden zusammen. Später werden einige einen Haremshengst vertreiben und dessen Stuten übernehmen können oder zumindest ein paar Stuten entführen. Die vertriebenen Alt-

hengste leben häufig als Einzelgänger weiter, Hengste ohne eigene Stutenherde verbleiben in der Junggesellengruppe.

Orientiert sich der Mensch in der Zusammenstellung von Herden an den Vorgaben von Mutter Natur, unterstützt dies den Aufbau stabiler sozialer Netze, da es den arttypischen Bedürfnissen am besten entspricht. Günstig ist insbesondere die Trennung weiblicher und männlicher bzw. kastrierter männlicher Pferde. Sozial erfahrene Hengste können in Abwesenheit von Stuten in Gruppen gehalten oder in eine Wallachherde integriert werden. Folgende Konstellationen orientieren sich am besten an »Mutter Natur«:
- Reine Stutenherden,
- reine Wallachherden,
- Deck-Stutenherden mit jeweils einem beigeordneten (Deck)Hengst,

Wer in einem Sozialverband lebt, muss sich dem Artgenossen verständlich machen können.

- einzelne Hengste in Wallachherden,
- reine Hengstherden oder gemischte Hengst-/Wallachherden.

Innerhalb der Herden geben Rangordnungen eine Struktur vor. Rangordnungen sind keine Hackordnungen und ein höherer Rang bringt nicht nur Privilegien, sondern auch Pflichten mit sich. Die Rangordnung in einer Pferdeherde ist nicht unbedingt linear, man kennt auch kompliziertere Strukturen. Ranghohe Pferde fallen nicht durch erhöhte Aggressivität auf, sie streiten nicht häufiger oder gar gewalttätiger als andere. Wer ranghoch ist, genießt Vortritt beim Zugang zu Futter, Wasser, Ruheplätzen und andere Privilegien, gibt aber den Herdenmitgliedern auch Schutz. Ausschlaggebend für die Rangierung sind zum einen körperliche Eigenschaften (Geschlecht, Gewicht, Größe), aber auch die Erfahrung zählt.

Enge Freundschaften untereinander kommen häufig vor und überbrücken oft bedeutende Unterschiede im Rang. Pferdefreunde verbringen viel Zeit miteinander, sie suchen die Nähe des anderen und zeigen sehr oft soziale Interaktionen wie gemeinsames Spiel. Man sieht sie auch häufig bei der sozialen Fellpflege: Umgekehrt parallel stehend, werden schlecht erreichbare Stellen auf Gegenseitigkeit hingebungsvoll mit den Zähnen bearbeitet.

Freundschaften zwischen Pferd und Mensch können durch Anknüpfen an dieses Verhalten initiiert und gefestigt werden: Gemeinsam verbrachte Zeit, sozialer Austausch, auch mal ganz absichtsloses Miteinander, dazu das von allen Pferden geliebte Putzen.

Natürlich herrscht in einem Sozialverband nicht ständig eitel Sonnenschein: Es wird gestritten, es wird gemaßregelt, man kann sich nicht immer gut leiden. Sympathien finden sich ebenso wie Antipa-

Eine innige Beziehung zwischen Pferd und Mensch ist das Sahnehäubchen einer artgerechten Haltung.

Mit der Geschlechtsreife werden Junghengste aus den Familienverbänden vertrieben und schließen sich zu Junggesellenherden zusammen.

thien. Ein gewisses Maß an sozialem Stress ist deshalb durchaus »normal« und selbstverständlich auch bei Lernvorgängen beteiligt. Junge Pferde werden durch ihre Artgenossen nach Pferdeart erzogen, indem ihre Aktionen mal auf Zustimmung, mal auf Ablehnung stoßen. Grundsätzlich kommt es innerhalb einer Pferdeherde zwar sehr häufig zu Interaktionen, bei denen es um den Rang geht, die meisten jedoch werden ohne körperliche Gewalt geregelt. Meist reichen Drohgebärden oder ein souveränes, sicheres Auftreten und die Sache ist geklärt. Um Beschädigungen zum Nachteil des Individuums und damit immer auch zum Nachteil der Herde weitgehend zu vermeiden, gibt es ein komplexes System von Ritualen und Gebärden.

Wir Menschen dürfen daran anknüpfen und uns erlauben, ebenfalls erzieherisch einzuwirken – für manche harmoniesüchtige Pferdefreunde keine Selbstverständlichkeit. Vergegenwärtigt man sich, dass ein hoher Rang nicht nur mit Privilegien, sondern auch mit der Pflicht zum Schutz der rangniedrigen Sozialpartner verbunden ist und dass Pferde aus der stabilen Einbindung in eine Rangordnung Sicherheit gewinnen, entlastet das den Pferdefreund: Etablieren wir uns auf Pferdeart (Privilegien und Schutz) als ranghöher, profitiert das Pferd. Abschauen ist ebenfalls erlaubt, wenn es um die Klärung der Rangordnung geht: Auch der Mensch wird seinem Pferd gegenüber auf Gewalt verzichten können und sollte:

Pferde sind immer fluchtbereit, sie denken nicht nach, bevor sie losrennen.

- seinen Rang permanent überzeugend leben (beispielsweise beim Betreten des Territoriums stets vorangehen),
- seinem Pferd Schutz angedeihen lassen (beispielsweise es nicht überfordern oder mit übermäßigem Druck Situationen aussetzen, die Panik verursachen) und
- nicht zu gewaltsamen Mitteln greifen, sondern Imponiergehabe zeigen, wenn das Pferd seinen Rang in Frage stellt (beispielsweise groß machen, eindrucksvoll agieren).

Pferde sind Fluchttiere

Sieht sich ein Tier mit einer Gefahr konfrontiert, hat es nicht allzu viele Möglichkeiten: Es kann angreifen oder sich wehrhaft gebärden, um den Gegner in die Flucht zu schlagen. Es kann völlig erstarren und versuchen, so mit der Umgebung zu verschmelzen, dass es übersehen wird. Oder es kann sein Heil in der Flucht suchen: »Rette sich wer kann!« oder »Erst abhauen, dann nachdenken!« – und so handeln Pferde.

In diesem Zusammenhang spricht man auch von einem »Fluchtreflex« und dieser Begriff ist für uns reitende Menschen sehr wichtig: Reflexe sind automatisierte Abläufe, Nachdenken ist hier nicht vorgesehen, es geht alles blitzschnell, denn Reflexe retten Leben. Wer erst lange nachgrübelt, ob er nun fliehen soll oder vielleicht doch nicht, landet garantiert im Rachen des Säbelzahntigers. Ein Fluchtreflex ist deshalb besser, weil er zeitraubendes Erfassen der Situation, Abwägen der Chancen bei verschiedenen Optionen und langes Nachdenken über die Folgen unterschiedlicher Handlungen umgeht wie eine Abkürzung.

Wie ein Tier sich in potentiellen Gefahrensituationen verhält – Fliehen, Verstecken, Angreifen – hängt von seiner Ausstattung im Hinblick auf körperliche Eigenschaften wie auch angeborene Verhaltensweisen ab und umgekehrt. Ein hoch getragener Kopf und seitlich angeordnete Augen erlauben dem Pferd eine Rundumsicht, lange Beine ermöglichen eine schnelle Flucht, ein leichter, schlanker Körperbau mit ausgeprägter Muskulatur begünstigt blitzschnelle Starts und Ausdauerleistungen bei hoher Geschwindigkeit über lange Distanzen. Ein Tier vom Typ »Komm nur her, wenn Du Dich traust!« wäre dagegen nicht nur mit scharfen Klauen und langen Zähnen ausgestattet, sondern auch mit der Vorgabe, bei Gefahr aggressiv nach vorne zu gehen; ein Duckmäuser-Tierchen käme klein, unscheinbar und Tarnfarben daher und würde dazu neigen, sich zu verstecken und bei Gefahr förmlich zu erstarren.

Die Reaktionen unserer Pferde auf Angst erregende Reize sind aus ihrer »Sicht« völlig angemessen und müssen es auch sein, damit nicht die Reaktion auf den Reiz mehr Gefahren hervorruft als vermeidet – etwa, indem das Pferd sich bei kopfloser Flucht völlig verausgabt oder einer noch größeren Gefahr in den Rachen läuft. Wer vor einem Blätterrascheln davonstiebt und einem Säbelzahntiger in den aufgesperrten Rachen rennt, lebt nicht lange. Überreagierende Pferde sind deshalb eher gemacht als geboren ...

Fluchttiere sind nicht immer auf der Flucht, aber immer bereit zur Flucht, denn ihr Überleben hängt davon ab. Für unsere Pferde gilt: Die kurze Zeit in der Obhut des Menschen hat daran nichts geändert, sie »wissen« nicht, dass ihnen in der Box nichts passieren kann. Die Haltung in der abgeschirmten Box verursacht unseren Pferden Stress, denn sie nimmt ihnen die Möglichkeit, ihre Umgebung zu überwachen und bei Gefahr zu fliehen. Wir Menschen würden völlig anders reagieren und uns in einer Box

Kopflose Paniker werden gemacht, nicht geboren, coole Socken aber auch – der Mensch macht den Unterschied!

Im Weideschritt verbringen wild lebende Pferde täglich viele Stunden mit der Futteraufnahme.

geschützt und gut aufgehoben fühlen, aber wir müssen akzeptieren, dass unsere Pferde anders empfinden. Wer es nicht glaubt, möge in einer Silvesternacht die Pferde eines Offenstalls beobach-

ten: Sobald die Ballerei richtig losgeht, wird die Herde komplett nach draußen stürmen und nicht etwa Schutz im Stallgebäude suchen. Sie wird ins Freie fliehen und die Angelegenheit beobachten. So sind Pferde eben.

Pferde sind Lauftiere

Unter natürlichen Bedingungen sind Pferde viele Stunden täglich in Bewegung – Laufen ist ihr Leben. Diese Eigenschaft ist eng ihren Merkmalen als Fluchttier und als soziales Lebewesen verknüpft: Pferde rennen bei Gefahr davon und auch ihr sozialer Austausch mit Artgenossen findet »laufend« statt, durch Laufspiele, Wettrennen, spielerische und ritualisierte Kämpfe. Ein dritter und der bezüglich des Time Budgets der bedeutendste Faktor ist die Futteraufnahme. Steppentiere legen bei der Futtersuche und Futteraufnahme täglich weite Strecken zurück. So kommt es, dass auf dem Stundenplan jedes Pferdes steht: Laufen – 16 Stunden täglich. Der überwiegende Teil dieser Fortbewegung findet im geruhsamen Schritt statt und häufig mit gesenktem Kopf und aufgewölbtem Rücken; im Weideschritt rückt das Pferd von Grashalm zu Grashalm langsam vor.

Diesem Bewegungsbedürfnis kann das Training mit und durch den Menschen alleine nicht Rechnung tragen: Es dauert nicht lange genug, ist zu intensiv und nicht mit der typischen Körperhaltung verbunden. Alle Pferde müssen deshalb zusätzlich die Möglichkeit erhalten, sich frei zu bewegen, und zwar als Ausgleich zur intensiven Arbeit unter dem Sattel möglichst in einer geruhsamen, gleichmäßigen Geschwindigkeit bei beliebiger oder zumindest entspannter Körperhaltung. Wer Pferde in Gruppen und im Offenstall hält, entlastet sich in dieser Hinsicht, denn nun kann jedes Pferd seinem indivi-

duellen Bedürfnis nach Bewegung nachgehen; es kann mit seinem Kumpel spielen, ein wenig herumtapern und sich die Gegend betrachten, wird von der Liegefläche zur Tränke gehen und zurück zum Raufutter. Noch besser ist die zeitweise Haltung auf der Weide, da hier auch die dem Pferd zuträgliche Haltung eingenommen und viel Zeit mit der Futteraufnahme verbracht wird, besonders empfehlenswert sind Bewegungsställe. Sie sind so konzipiert, dass jedes Pferd beim Wechsel zwischen Fressen, Schlafen, Spielen, Saufen täglich automatisch weite Strecken zurücklegen muss. Ein guter Kompromiss sind Führanlagen, Wasser-Führanlagen, Aquatrainer oder Laufbänder, die allerdings oft zweckentfremdet nur zur weiteren Konditionierung genutzt werden. Trotzdem gilt: Je weniger Zeit ein Pferd im Stillstand verbringt, desto besser. Besser für die körperliche und seelische Gesundheit, besser für die Lebensqualität und Lebensdauer. (Falsch verstandene) Schonung schadet!

Bewegung und Futteraufnahme stehen beim Pferd in einem engen Zusammenhang. Als Steppenbewohner musste das Pferd lange Strecken zurücklegen, um genügend Nahrung zu finden. Da das oft spärliche Steppengras nur eine geringe Nährstoffdichte aufweist, muss es in großen Mengen aufgenommen werden, um den Bedarf zu decken. Sich an Ort und Stelle den Bauch bis zum Anschlag vollhauen, darauf sind Anatomie und Physiologie unserer Pferde nicht ausgerichtet. Kraftfutter in größeren Mengen ist aus diesem Grund keine pferdegerechte Nahrung, die Tagesration basiert vielmehr auf Raufutter, das in physiologischer Haltung – mit gesenktem Kopf aus Bodennähe – aufgenommen werden muss.

Zusammengefasst ...

Erst genaueres Hinsehen und einige Erfahrung erschließt dem Pferdefreund die wahre Bedeutung des bekannten Merksatzes »Pferde sind Herden-, Flucht- und Lauftiere«. Zahlreiche Merkmale ihrer Anatomie, Physiologie und ihres Verhaltensinventars fordern, dass diesen grundlegenden und unver-

Neben der Arbeit unter dem Sattel müssen alle Pferde Gelegenheit haben, sich täglich frei zu bewegen.

änderlichen Eigenschaften auch in der Obhut des Menschen Rechnung getragen wird.

... heißt das für den Pferdefreund

Es gilt nicht das Prinzip der Machbarkeit: Natürlich kann man Pferde einzeln halten, bewegungsarm und ohne Fluchtmöglichkeit aufstallen. Dies steht aber in so eklatantem Widerspruch zu ihrer genetischen Ausstattung, dass zahlreiche Störungen die Folge dieser Missachtung ihres »Pferd-Seins« sind. Falsch gehaltene Pferde leiden nicht nur unter geringer Lebensqualität, sie werden häufiger und ernsthafter krank und sterben früher. Pferde sind eben Herden-, Flucht- und Lauftiere; einzeln und bewegungsarm eingesperrte Pferde werden kranke und unglückliche Herden-, Flucht- und Lauftiere.

Pferde MÜSSEN sich zusätzlich zur Arbeit unter dem Sattel frei bewegen dürfen.

3 Nur Pferde sind wie Pferde

3. Nur Pferde sind wie Pferde

und nur Menschen sind wie Menschen

Im Laufe der Zeit haben sich Verhaltensforscher mit etlichen wildlebenden oder domestizierten Tierarten und mit dem Menschen beschäftigt, haben Ethogramme aufgestellt, Verhaltensweisen identifiziert, Funktionskreisen zugeordnet und beschrieben. So fanden viele Fachbegriffe und Erkenntnisse auch Eingang in die Allgemeinbildung, vor allem durch die Forschung an Tierarten, die für den Menschen eine besondere Bedeutung haben, etwa an Wölfen und Hunden. Nicht immer wurden und werden die korrekten Rückschlüsse gezogen, manche Fachbegriffe werden zur Werbung zweckentfremdet, manchmal wird inkonsequent gehandelt.

Schief gewickelt

Ein paar beliebige Beispiele

■ So warb etwa ein Hersteller von Boxensystemen für seine Produkte unter dem Begriff »artgerechte Box« – klingt sehr pferdefreundlich, ist aber leider ein Widerspruch in sich, denn reine Boxenhaltung ist nie artgerecht. Derselbe Produzent behauptete auch, ein Pferd fühle sich in der Box wohl, weil es sie als »Revier zweiter Ordnung« betrachte – dummerweise sind Pferde aber nicht territorial, mithin gibt es kein Revier erster oder zweiter Ordnung und demzufolge auch kein sich einstellendes Wohlgefühl beim Betreten der »artgerechten Box«.

Auch die schönste Box ist nicht artgerecht – deshalb kommt Calluna nur zum Abschwitzen oder, wie hier, für ein schönes Bild in die Box.

■ Spielzeuge sollen dem Pferd die Zeit (in der langweiligen, weil doch nicht so artgerechten Box) vertreiben: Kullerbälle, aus denen Leckerli purzeln, wenn man sie über den Boden rollt oder Spielsachen, die in der Box aufgehängt werden. Oft nehmen Pferde allerdings dieses Spielzeug kaum an, und dafür gibt es einen einfachen Grund: Vorbild ist Spielzeug, das für Katzen und Hunde entworfen wurde und auf dem Jagdverhalten dieser Beutegreifer basiert. Als passionierte Jäger sind viele Spiele von Hunden und Katzen im Grunde nichts anderes als Übungssequenzen für Elemente der Jagd, während Pferde keine Notwendigkeit sehen,

sich an Grasbüschel anzuschleichen, sie mit einem beherzten Sprung zu überwältigen oder sie müde zu hetzen. Hunde sind wie Hunde und spielen wie Hunde, Pferde sind wie Pferde und spielen wie Pferde – während also sowohl Hunde als auch Pferde Spielverhalten zeigen, spielen sie unterschiedlich. In Pferdespielen kommt Jagdverhalten an Beutetieren deshalb nicht vor.

■ Wir alle kennen Fotos oder Videosequenzen vom Longieren oder anderen Bodenarbeitstechniken, auf denen Folgendes zu sehen ist: Der Longenführer will das Pferd vorwärts treiben, vielleicht auf der rechten Hand, und wedelt dazu mit dem Seil, der Longierpeitsche oder einem Fähnchen-Stöckchen, das er in der linken Hand führt, während die rechte die Longe hält. So weit, so einleuchtend. Gleichzeitig aber hebt er die rechte Hand und weist in die einzuschlagende Richtung: »Guck mal, da soll es hingehen!« Beim Pferd kommen nun zwei Signale an, die nicht miteinander vereinbar sind: Die

linke Hand treibt, sie sagt »Weiche aus, indem Du vorwärts gehst!«, aber die rechte, vor dem Kopf des Pferdes herumfuchtelnde sagt gleichzeitig »Halt an!«. Und nun?

Hier wurden Erkenntnisse aus der Forschung an Revier bildenden Tieren (Revier erster und zweiter Ordnung), Erfahrungen mit dem Spielverhalten von Beutegreifern (Jagdspiele) oder menschliche Angewohnheiten (in eine Richtung deuten) unzulässigerweise auf das Pferd übertragen.

Wer es besser machen will muss sich fragen: Wie »funktionieren« Pferde wirklich? Weil wir selbst Menschen sind und vom Mensch-Sein ziemlich viel Ahnung haben fragen wir genauer: Wie »funktionieren« Pferde im Vergleich mit uns, wo gibt es Unterschiede, wo vielleicht Gemeinsamkeiten? Und: Wo kommt es besonders oft zu Problemen, weil wir Menschen uns in das Pferd-Sein unserer Pferde nicht genügend hineinversetzen können/ wollen?

Nur selten lassen sich beim Pferd Spielsequenzen beobachten, wie wir sie von Beutegreifern kennen.

Wissen, nicht werten

Wir Menschen ordnen gerne unser Wissen in größere Zusammenhänge ein, vor allem stellen wir Rangordnungen her: »Wer ist schlauer, Hund oder Katze?« lautet eine unsinnige Frage, auf die es keine gescheite Antwort gibt. Es geht auch anders: Indem wir nicht bewerten, nicht einordnen, keine Ranglisten erstellen. So können wir beispielsweise feststellen, dass nicht etwa Pferde »dümmer« und Menschen »intelligenter« sind, sondern dass sich die relative Intelligenz der beiden Lebewesen nicht vergleichen lässt. Pferde sind einfach anders schlau als Menschen. Sie sorgen anders für ihr Wohlbefinden, erkunden ihre Welt anders als wir, gehen anders miteinander um. Wie dieses Anderssein im Detail aussieht, damit könnte man mehrere Bücher füllen – wir beschränken uns hier auf einige Funktionskreise des Pferdeverhaltens und sehen uns einzelne Aspekte genauer an, wo es aufgrund der Unterschiede besonders häufig zu Problemen kommt.

Typisch Pferd, typisch Mensch

Funktionskreis	Typisch Pferd	Typisch Mensch
Komfort-verhalten	Pferde zeigen solitäres und soziales Komfortverhalten. Sie wälzen sich gerne auf ganz unterschiedlichen Untergründen, scheuern sich an Ästen, Baumstämmen und Felsen und beknabbern sich mit den Zähnen selbst das Fell. Freunde bearbeiten einander hingebungsvoll auf Gegenseitigkeit vor allem an Stellen, die sie selbst nicht erreichen können. Im Sommer stehen ruhende Pferde Kopf an Schweif und wedeln sich paarweise die lästigen Fliegen aus dem Gesicht.	Menschen bekommen früh beigebracht, dass Schmutz »Bäh!« ist. Es gehört zum guten Ton, sich sauber und wohlriechend zu halten. Allenfalls kurzfristig und nur unter bestimmten Umständen – etwa berufsbedingt oder beim Sport – sind Schmutz und Schweißgeruch erlaubt und werden akzeptiert. Im westlichen Kulturkreis übernimmt man die Sorge um seine persönliche Sauberkeit möglichst früh selbst. Schmutz wird oft als potentiell krankmachend und deshalb gefährlich empfunden.
Mögliche Probleme	■ Überträgt der Mensch eigene Vorstellungen von Sauberkeit auf sein Pferd, übertreibt er es oft mit dessen Pflege. Das Hautklima des Pferdes und die Wasser abweisenden Eigenschaften des Felles leiden unter zu häufigen oder intensiven Wasch- und Putzaktionen. ■ Beim Putzen an »guten« Stellen kann es vorkommen, dass ein Pferd die Aufmerksamkeit erwidern will und unwillkürlich beginnt, den Menschen auf Gegenseitigkeit zu kraulen. Oft wird dies als Beißen missverstanden und bestraft.	

Für Pferde ist ein sandiger Wälzplatz eine Wellness-Oase, für Menschen ist er »bäh!«.

Pferde und Menschen brauchen den sozialen Austausch mit Artgenossen, Menschen pflegen darüber hinaus auch Beziehungen zu artfremden Lebewesen.

Typisch Pferd, typisch Mensch

Funktionskreis	Typisch Pferd	Typisch Mensch
Sozial-verhalten	Pferde sind soziale Lebewesen und leben unter natürlichen Bedingungen nur im Ausnahmefall und dann auch nur zeitweise alleine (vertriebene Althengste). Viele Verhaltensweisen zielen auf den Artgenossen oder sind nur im direkten Kontakt mit Artgenossen möglich. Hengste leben in Herden (Junggesellengruppen) oder im Verbund mit Stuten (Haremshengst), selten und unfreiwillig alleine (vertriebene Althengste), Stuten in großen Gruppen mit anderen Stuten und weiblichen Nachkommen. Männliche Nachkommen werden aus dieser Herde vertrieben und schließen sich zu Junggesellenherden zusammen, Hengste sind also ebenso sozial. Unter natürlichen Bedingungen kommt es allenfalls zur zufälligen Mischung, kaum aber zur Interaktion von Pferden mit artfremden Lebewesen.	Menschen sind soziale Lebewesen und leben nur im Ausnahmefall, meist unfreiwillig und nur zeitweise weitgehend alleine (Haftstrafen). In ihrem Verhalten zielen viele Elemente auf das menschliche Gegenüber oder sind nur im direkten Kontakt mit anderen Menschen auszuleben. Verschiedene Lebensentwürfe und Lebensumstände führen zu mehr oder weniger engen und dauernden Bindungen familiärer oder freundschaftlicher Art, doch auch über diese »Kerngruppen« hinaus bewegt sich der Mensch meistens im Kontakt mit seinesgleichen. Bewusste »Auszeiten« vom zwischenmenschlichen Kontakt werden herbeigeführt und genossen, sind jedoch zeitlich begrenzt. Der Mensch baut zusätzlich oft soziale Kontakte zu artfremden Lebewesen auf (Haustierhaltung).
Mögliche Probleme	■ Die Missachtung des Grundbedürfnisses aller Pferde nach Sozialkontakten mit Artgenossen ist ebenso verbreitet wie folgenschwer. Nicht nur der wenig messbare Verlust an Lebensqualität, sondern auch gravierende gesundheitliche Störungen und Verhaltensprobleme sind die Folge. ■ Obwohl Mensch und Pferd hinsichtlich des Bedürfnisses nach Sozialkontakt (nicht bezüglich einzelner Elemente des Sozialverhaltens) sehr viele Übereinstimmungen aufweisen und der Mensch es folglich leicht hätte, die Lebensumstände etwa in Boxenhaltung aus der Sicht eines Pferdes zu betrachten, zieht er nicht die notwendigen Konsequenzen. ■ Der Mensch ist als Sozialpartner des Pferdes kein Ersatz für dessen Artgenossen, auch andere »artfremde Tiere« können den ständigen Kontakt zum Artgenossen nicht ersetzen.	

Bis ins hohe Alter wird wild und ausgelassen gespielt: Die beiden »gefährlichen Hengste« auf diesem Bild sind 27 und 35 Jahre alt ...

Finger weg von neugeborenen Fohlen! Stört der Mensch in der Prägephase, hat dies schwerwiegende Folgen.

Typisch Pferd, typisch Mensch

Funktionskreis	Typisch Pferd	Typisch Mensch
Spiel-verhalten	Pferde sind als »Nestflüchter« schon früh vergleichsweise selbständig und lösen sich recht bald zeitweise von der Mutter. In der Interaktion mit anderen Pferden werden Elemente des Sozial-verhaltens spielerisch geübt. Das Spiel dient auch der körperlichen Kräftigung (Laufspiele) und der Erkundung der Umgebung. Auch erwachsene Pferde zeigen Spielverhalten, wenn sie sich wohl fühlen und entsprechende auslö-sende Reize und Stimmungen vorlie-gen. Das Spielverhalten ist zwar scheinbar zweckfrei, unterliegt aber dennoch Regeln und Gewohnheiten. Es lassen sich deutliche Geschlechtsunter-schiede beobachten, Hengste und Wallache spielen oft bis ins hohe Alter hingebungsvoll und ausdauernd mit-einander. Gespielt wird vor allem im sozialen Kontakt.	Auch das »nesthockende« Menschen-kind wird seine Umwelt spielerisch erkunden, seine Sinne an und mit Spielzeug erproben und recht bald auch im sozialen Kontakt spielen. Ein großes Repertoire an Spielen mit oft recht lan-ger Tradition stärkt bestimmte Teil-aspekte des Miteinanders, dient der Kräftigung oder übt den Geist, oft in Kombination. Viele Sportarten gründen auf einem stark reglementierten Spiel. Während das freie Spiel im Kindes- und Jugendalter akzeptiert ist und sogar gefördert wird, sind im Erwachsenen-alter fast ausschließlich stark reglemen-tierte Gesellschaftsspiele und Sport-Spiele üblich. Auch beim Menschen besteht ursprünglich eine enge Bezie-hung zwischen »spielen« und »lernen«, die jedoch beim Erwachsenen in den Hintergrund tritt. Menschen spielen unterschiedlich gerne und häufig auch alleine (etwa Computerspiele).
Mögliche Probleme	■ Fehlende Sozialkontakte nehmen dem Pferd die Möglichkeit, auf Pferdeart spielerisch zu lernen und sich zu üben. ■ Die beim Spiel quasi nebenher erreichte körperliche Kräftigung unterbleibt. ■ Der Hang des Menschen zur starken Reglementierung auch spielerischer Freizeitaktivitäten erlaubt es ihm oft nicht, mit dem Pferd zusammen spielerisch und somit stressfrei und entspannt zu lernen.	

Typisch Pferd, typisch Mensch

Funktionskreis	Typisch Pferd	Typisch Mensch
Mutter-Kind-Verhalten	Innerhalb weniger Stunden nach der Geburt wird das neugeborene Fohlen geprägt: Es lernt nicht nur, seine Mutter zu erkennen, sondern es lernt, dass es ein Pferd ist. Diese Prägung läuft automatisch ab, ist nicht umkehrbar, nicht korrigierbar und kann nicht nachgeholt werden.	Eine automatische Prägung zum Mensch-Sein vergleichbar mit diesem Lernvorgang beim Pferd findet nicht statt. Die Rolle der menschlichen Mutter ist eine völlig andere und in vielen Aspekten vor allem gesellschaftlich geprägt und nicht genetisch angelegt.
Mögliche Probleme	■ Zu enge Kontakte des Menschen mit dem neugeborenen Fohlen können die Prägung stören bzw. eine Fehlprägung verursachen – das Pferd wird sich nun Zeit seines Lebens nicht als Pferd unter Pferden fühlen und in seinem Sozialverhalten auf den Menschen ausrichten, mit allen Konsequenzen, auch bezüglich des Sexualverhaltens (!).	
Ruheverhalten	Pferde ruhen im Stehen, in Brust-Bauch-Lage und auf der Seite liegend, jeweils mit unterschiedlicher Tiefe der Entspannung bzw. des Schlafs. Sie legen über den Tag verteilt zahlreiche Ruhephasen ein. Der besonders erholsame Tiefschlaf in Seitenlage ist nur über kurze Zeitspannen möglich. Tiefe und Qualität des Schlafs sind abhängig von der Umgebung und der Anwesenheit von Artgenossen.	Erwachsene Menschen ruhen während der Dunkelheit in einem speziellen Möbel und einem dafür vorgesehenen Raum. Dieser muss möglichst dunkel und auch ansonsten reizarm sein. Der Mensch ruht fast ausschließlich im Liegen. Sein tägliches Schlafpensum wird fast immer an einem Stück absolviert.
Mögliche Probleme	■ Die Box empfindet nur der Mensch als geeignetes Schlafzimmer, denn in Boxenhaltung bricht der Sichtkontakt zum Artgenossen beim Niederlegen automatisch ab, was die Tiefe und Qualität des Schlafs negativ beeinflusst. ■ Schlafend ruht das Boxenpferd auf seinen Ausscheidungen und atmet Schadgase besonders intensiv ein. ■ Das isoliert gehaltene Pferd ruht stehend länger, als ihm zuträglich ist.	

Der REM-Schlaf stellt sich beim Pferd nur in Seitenlage und bewacht von Artgenossen ein.

Typisch Pferd, typisch Mensch

Funktionskreis	Typisch Pferd	Typisch Mensch
Bewegungs-verhalten	Pferde legen im Herdenverbund auf der Suche nach Wasser und Futter, aber auch beim Spiel und anderen sozialen Interaktionen täglich weite Strecken zurück und sind viele Stunden unterwegs, meist im Schritt. Auch während der Nahrungsaufnahme unter natürlichen Bedingungen sind sie ständig in Bewegung, wobei es eher gemächlich zugeht.	Der moderne Mensch bewegt sich im Alltag oft vergleichsweise wenig und sucht den Ausgleich bei sportlichen Aktivitäten während seiner Freizeit. Dafür steht ihm nur ein begrenzter Zeitraum zur Verfügung, es ist deshalb oft sein Ziel, sich innerhalb kurzer Zeit möglichst intensiv und bis zur Ermüdung zu bewegen, also »auszupowern«.
Mögliche Probleme	■ Die gemeinsame sportliche Aktivität von Mensch und Pferd beim Reiten entspricht aus zwei Gründen nicht dem arttypischen Bewegungsbedürfnis: Das Training ist zu intensiv und dauert nicht lange genug.	

Weil Hengst Gagarhan durch das Training alleine nicht ausgelastet wäre, wohnt er samt Kumpel im Offenstall und kommt täglich auf die Weide.

Zusammengefasst ...

Pferde sind wie Pferde, Menschen wie Menschen – was so banal klingt, so einfach zu verstehen scheint, ist in der Praxis Ursache zahlreicher Probleme und Missverständnisse. Dass selbst erfahrene Reiter ihre Pferde oft nicht wirklich verstehen, dass sie ihr Pferd-Sein nicht aus ihrer Sicht begreifen, hat einen einfachen Grund: Wir alle haben einen rein menschlichen Bezugsrahmen, wir können die Welt nur aus menschlicher Sicht wahrnehmen.

... heißt das für den Pferdefreund

Ein echtes Verständnis für das Pferd, für die Eigenheiten des Pferd-Seins kann sich nur entwickeln, wenn wir unseren menschlichen Bezugsrahmen erweitern durch Wissen und Erfahrung bezüglich unserer Pferde. Relevant sind dabei weniger rein sportliche Aspekte, sondern alles, was mit dem Leben und Erleben unserer Pferde zu tun hat. Je mehr Haltung, Umgang und Nutzung unserer Pferde den arttypischen Bedürfnissen entsprechen, desto eher entsprechen auch die Erfahrungen der mit diesen Pferden befassten Menschen dem, was das Pferd-Sein wirklich ausmacht. Wirklich wissen, wie es ist, ein Pferd zu sein, können wir allerdings nie.

4 Pferdisch lernt man nicht in der Volkshochschule

4. Pferdisch
lernt man nicht in der Volkshochschule

Das Miteinander braucht eine Basis

Fremdsprachen lernen: Das kennen wir aus der Schule, von Kursen der örtlichen Volkshochschule. Lässt sich auch die Pferdesprache so erlernen, ist sie im Prinzip nur eine von vielen Fremdsprachen – statt Englisch oder Französisch lernt der Pferdefreund halt Pferdisch?

Ist Kommunikation möglich?

Obwohl so oft von der Pferdesprache die Rede ist, gibt es doch entscheidende Unterschiede zu Fremdsprachen, wie wir sie aus der Schule kennen. Der offensichtlichste: Auf der ganzen Welt unterscheidet man ungefähr 6.500 Einzelsprachen, die Pferdesprache dagegen ist universell und wird über die Grenzen von Ländern, Pferderassen oder Kulturkreisen hinweg von allen Pferden geteilt. Eigentlich ist schon der Begriff »Pferdesprache« irreführend, denn »Sprache« ist als eine rein menschliche und nicht im Instinkt verwurzelte Methode der Informationsübermittlung definiert. Obwohl Pferde deshalb im eigentlichen Sinne nicht über eine »Sprache« verfügen, hat sich der Begriff »Pferdesprache« eingebürgert.

Beim Erlernen einer »menschlichen« Fremdsprache stützen wir uns auf eine gemeinsame Basis, die beim Studium der »Pferdesprache« fehlt. Wie groß der Unterschied zwischen »innerartlich/menschlichen« und »artfremden« Fremdsprachen ist, zeigt ein einfaches Beispiel: Bei der Übersetzung von Begriffen wie »Baum« etwa ins Englische werden deutsche Worte durch ihre Entsprechung in der Fremdsprache ersetzt. Wie aber, bitte, übersetzt man »Baum« ins »Pferdische«? Ganz klar: Geht so einfach nicht. Überhaupt ist die Sache mit der Pferdesprache ungeheuer komplex, wenn man einmal hinter all die Schlagworte und Verallgemeinerungen sieht. Trotzdem wollen uns manche Ausbilder weißmachen, man könne die Pferdesprache auf einem – sehr, sehr teuren – Wochenendkurs bei ihnen lernen.

Die Pferdesprache in einem Wochenendkurs lernen? Da kann Jackpot nur drüber lachen!

Ein bisschen Klarheit stellt sich ein, wenn man statt von Sprache von Kommunikation spricht. Streng wissenschaftlich betrachtet lassen sich viele Aspekte der Kommunikation artübergreifend und allgemeingültig erklären, was gute Voraussetzungen für die Schaffung einer gemeinsamen Basis mit sich bringt.

Informationsaustausch

Was versteht man unter »Kommunikation«? Durch Kommunikation kommt es zu einer Übertragung oder einem Austausch von Informationen oder Bedeutung. Ein Signal wird von einem Sender über einen Kanal abgegeben und gelangt zum Empfänger, der es auffängt und interpretiert. Im Alltag kehrt sich die Richtung des Informationsflusses häufig um, bei einem Gespräch etwa wechseln ständig Sender und Empfänger. So hat Kommunikation ganz klar einen sozialen Aspekt – sie braucht ein Gegenüber.

Bei der Kommunikation bedient man sich unterschiedlicher Möglichkeiten der Informationsübertragung. Eine davon halten Sie gerade in den Händen. Betrachten wir die Kommunikation zwischen Pferden und Menschen wird deutlich, dass wir unsere Pferde so, also mit dem Schreiben und Lesen von Büchern, nicht erreichen können – wir benötigen Kanäle, die auch ihnen zugänglich sind.

Zwei Erkenntnisse der Kommunikationswissenschaft (Axiome nach Paul Watzlawik) haben auch für den Pferdefreund eine besondere Bedeutung.

1. »Man kann nicht NICHT kommunizieren«

Bei gegenseitiger Wahrnehmung kommt es immer zu einer Kommunikation, da sich auch das Verhalten aufeinander bezieht. So enthält sogar das völlige Ignorieren des anderen (ein bewusstes Sich-nicht-Beziehen) eine Botschaft.

■ Mensch und Pferd tauschen beim Zusammensein ständig Botschaften aus. Damit ist allerdings noch nicht gesagt, dass diese alle vom jeweils anderen wahrgenommen und korrekt interpretiert werden.

2. »Kommunikation enthält einen Inhaltsaspekt und einen Beziehungsaspekt«

Es gibt immer die Beziehung zwischen dem Sender und dem Empfänger betreffende Inhalte, wobei die Kommunikationswissenschaft auch eine Aussage darüber trifft, welcher Aspekt dominiert: Der letztere bestimmt den ersteren.

■ Insbesondere in Verbindung mit dem ersten Axiom ist diese Erkenntnis von großer Bedeutung für den Pferdefreund. Wir senden nicht nur andauernd Informationen aus (siehe erstes Axiom), wir übermitteln dem Pferd auch Botschaften, die unsere Beziehung betreffen – und umgekehrt. Ganz sicher liegt in dieser Tatsache viel Potential für Konflikte und Missverständnisse.

Zwei Arten, ein Code?

Damit Kommunikation gelingt, müssen Sender und Empfänger auf einen gemeinsamen Satz von Zeichen zurückgreifen. Diesen gemeinsamen Zeichensatz kann man sich vorstellen wie einen Topf von der Größe eines mittleren Swimmingpools, in dem auf kleinen Karten alle Begriffe gesammelt sind. Wir beide, Sie und ich, müssen in unserem Zeichenvorrat irgendwo auch »Baum« oder meinetwegen »Pommes rotweiß« haben, damit wir diese Information austauschen können. Fehlt in Ihrem Zeichensatz »Pommes« oder »rotweiß« so haben Sie keine Ahnung, wovon ich spreche. Erlernt der Mensch eine Fremdsprache, fügt er neue Karten hinzu, die zusammen einen gemeinsamen Pool für alle dieser Sprache mächtigen Menschen ergeben. Auch wichtig: Menschen teilen nicht nur diese »Karten«, sie teilen auch die »Kanäle« über die Information fließt. So können wir beispielsweise Begriffe sprechen, hören, schreiben und lesen – eine weitere Gemeinsamkeit unter Menschen.

Pferd und Mensch verfügen nicht über einen gemeinsamen Code und können sich ihn auch nicht in der Weise erarbeiten, wie wir es etwa beim Erlernen

Ein Pferd wird Begriffe wie »Terrab« wohl verstehen lernen (passiv beherrschen), sie aber nicht einsetzen können (aktiv beherrschen).

einer Fremdsprache tun. Es tut sich ein ganz entscheidender Stolperstein auf, der sich an einem Beispiel gut darstellen lässt: Wir beide verstehen, was mit »Terrab!« gemeint ist, wir können diese Begriff sowohl sprechen als auch lesen, hören oder schreiben. Nun zur Kommunikation mit dem Pferd: Sie arbeiten Ihr Pferd und sagen »Terrab« und weil Ihr Pferd artig und gut ausgebildet ist, wird es antraben. Wird es aber jemals zu Ihnen »Terrab« sagen? Würde es Sie verstehen, wenn Sie ein Schild hochhalten, auf dem »Bitte jetzt antraben!« steht? Vermutlich nicht. Ganz so einfach ist es also nicht mit der gemeinsamen Sprache, denn auch in umgekehrter Richtung tun sich Probleme auf: Werden Sie die Ohren anlegen, um Ihr Missfallen auszudrücken, wie Ihr Pferd dies tut? Werden Sie mit dem Kopf schlenkern, um Ihr Pferd zum Spielen einzuladen? Wenn eine Kollegin sie anzickt, werden Sie ein Hinterbein warnend erheben?

Es gibt entscheidende Unterschiede zwischen der Art und Weise, wie sich die Kommunikation zwischen Mensch und Pferd (also über Artgrenzen hinweg) im Vergleich zu der zwischen Mensch und Mensch darstellt bzw. wie sich das Erlernen einer »innerartlichen Fremdsprache« wie etwa Französisch vom Lernen einer »artübergreifenden« unterscheidet:

■ Anatomische Unterschiede verhindern bei vielen Signalen, dass sie über Artgrenzen hinweg identisch gesendet werden können.

■ Stehen artübergreifend dieselben Informationskanäle zur Verfügung (Lautsprache, Ausdrucksverhalten), haben diese bei Mensch und Pferd doch unterschiedliche Gewichtung.

■ Bestimmte, typisch menschliche Formen der Informationsübertragung (z.B. Lesen) sind Ihrem Pferd verwehrt, typisch »pferdische« hingegen Ihnen (z.B. werden Sie kaum am Urin einer Stute

links: Anatomisch gesehen eignen sich menschliche Ohren nicht dazu, Missfallen oder, wie hier, Aufmerksamkeit auszudrücken.

Seite 41: Litur »liest« den Hormonstatus im Stutenurin.

werden aber selbst nie ein Anlegen Ihrer Ohren zur Verständigung nutzen).

Einen umfangreichen, gemeinsamen Code, einen Zeichensatz, der von beiden Seiten auf gleichem Niveau aktiv wie passiv beherrscht wird, den wird es nie geben. Sie müssen davon ausgehen, dass Ihre »Pferdesprache« passiv wie aktiv immer rudimentär bleiben wird. Besser als nichts.

Hinzu kommt: Selbst wenn gemeinsame Informationskanäle und »Karten« genutzt werden, gibt es jede Menge Probleme. Kommunikation führt nicht automatisch zum Verstehen, Verständigung nicht immer zum Verständnis ...

... und sie verstehen sich trotzdem nicht

»Du verstehst mich einfach nicht!« – diesen Vorwurf kennen wir alle. Schon dieser einfache Satz lässt unterschiedliche Interpretationen zu:

■ »Ich kann so laut reden wie ich will, Du verstehst mich einfach nicht, weil Du zu weit weg bist!« Du kannst mich nicht hören, scheint mir.

■ »Obwohl ich Dir meinen Standpunkt erklärt habe und gute Argumente für meine Sichtweise vorbringe, änderst Du Deine Meinung nicht.« Du verstehst mich einfach nicht, weil Du kein Verständnis für meine Situation aufbringst.

■ »Ich weiß echt nicht, was ich noch machen soll – ich habe es Dir jetzt schon dreimal erklärt und Du verstehst mich einfach nicht!« So blöd kann man doch nicht sein!

schnuppern und deren Fruchtbarkeitsstatus exakt bestimmen können. Ihr Hengst kann das, probieren Sie es ruhig aus ...).

■ Gemeinsame Zeichen gibt es im engeren Sinne nicht, Zeichen werden entweder passiv oder aktiv beherrscht (Sie sagen »Terrab!« und Ihr Pferd versteht Sie, es wird aber nicht selbst »Terrab« sagen – Ihr Pferd legt die Ohren an und Sie verstehen es, Sie

Trotz scheinbar eindeutiger Signale nicht wissen, was der andere will, anders als vom Sender gewünscht auf Botschaften reagieren, das ist ein bekanntes Phänomen. In der Kommunikationspsychologie wurden die Stolpersteine auf dem Weg der Botschaften vom Sender zum Empfänger systematisiert und in Formel gebracht, die so auch auf die Kommunikation zwischen Pferden und Menschen angewendet werden kann:

»Gedacht« ist nicht »gesagt«,
»Gesagt« ist nicht »gehört«,
»Gehört« ist nicht »verstanden«,
»Verstanden« ist nicht »gewollt«,
»Gewollt« ist nicht »gekonnt«,
»Gewollt und gekonnt« ist nicht »getan«,
»Getan« ist nicht »beibehalten«.
(Zitiert nach Konrad Lorenz).

41

Vom Gedanken an »Schulterherein« bis zur Ausführung ist es ein langer Weg.

Sind Menschen wirklich Stümper im Lesen von Ausdrucksverhalten, Pferde dagegen Spezialisten?

Beispiel nach dem Zitat von Konrad Lorenz von Seite 41

Zitat	Sender	Empfänger
»Gedacht« ist nicht »gesagt«	Der Reiter fasst bei der Bodenarbeit den Gedanken, sein Pferd zum Seitwärtstreten aufzufordern,	und berührt es dazu mit der Gerte an der Kruppe, aber weil er dabei in der falschen Position steht und keinen Kontakt zum Gebiss aufgenommen hat, sagt er nur »geh«.
»Gesagt« ist nicht »gehört«	Er hat nun alle Hilfen korrekt gegeben, es aber versäumt, sein Pferd aufmerksam zu machen.	Deshalb bekommt es die Hälfte der Signale nicht mit, es »hört« nicht alles.
»Gehört« ist nicht »verstanden«	Alle Signale kamen zwar beim Pferd an,	dummerweise hat es aber keine Ahnung, was der Reiter von ihm will, denn es kennt die Bedeutung der Botschaften nicht.
»Verstanden« ist nicht »gewollt«	Das Pferd ist mit der Lektion und der Hilfengebung vertraut und auch aufmerksam,	interessiert sich aber aktuell nur für die Leckerli in der Tasche und will lieber futtern als seitwärts gehen.
»Gewollt« ist nicht »gekonnt«	Gerne möchte ein motiviertes und konzentriertes Pferd seitwärtstreten,	leider ist es aber links so steif, dass es sich nicht biegen kann.
»Gewollt« und »gekonnt« ist nicht »getan«	Seitengänge an der Hand? Eigentlich ein Klacks für das Pferd!	Klappt heute trotzdem nicht.
»Getan« ist nicht beibehalten«	Hurra, ein ganz tolles Schulterherein an der Hand,	aber morgen sieht das wieder ganz anders aus.

Übertragen auf ein Beispiel aus der Arbeit mit dem Pferd stellt sich ein Problem vereinfacht etwa so dar, wie in der Tabelle oben bezeichnet.

Lautsprache

»Wenn Menschen miteinander kommunizieren, tun sie dies überwiegend über Sprache. Zwar werden auch Signale mittels Mimik und Gestik gesendet, doch tut Mensch sich mit dem Lesen dieser Art Botschaften schwer – Pferde dagegen sind Spezialisten im Entschlüsseln von non-verbaler Kommunikation, da sie selbst sich überwiegend über Ausdrucksverhalten mit ihren Artgenossen verständigen!« So heißt es oft ebenso einleuchtend wie – falsch.

Es ist korrekt, dass wir Menschen uns sehr stark auf die Sprache verlassen, wenn wir miteinander kommunizieren. Mit der Sprache haben wir einen Weg, Botschaften über das Hier und Jetzt hinaus zu vermitteln, unabhängig von der persönlichen Anwesenheit, abgekoppelt von unserem Körper Signale zu senden (wie beispielsweise über dieses Buch). Sprache ist uns wichtig und wir haben verschiedene Möglichkeiten gefunden, uns mit ihrer Hilfe zu verständigen: Wir reden nicht nur und hören zu, wir schreiben und lesen auch (Bücher, Emails, SMS ...). Das bedeutet, dass wir Sprache auch über die Augen wahrnehmen können – eigentlich paradox.

Unsere Pferde haben diese vielen Möglichkeiten nicht, obwohl auch sie über Laute (das ist nicht dasselbe wie Sprache) miteinander kommunizieren. Dieser Informationskanal wird vor allem genutzt, um Botschaften über eine weitere Entfernung auszutauschen (»Hier bin ich! Wo bist Du?«) oder sie an die gesamte Gruppe zu richten, etwa bei Alarmsignalen (»Vorsicht, Gefahr! Alle Mann weg hier!«). Die über Laute ausgetauschten Botschaften sind inhaltlich vermutlich recht einfach, doch auch bei ihnen gibt es Unter- und Zwischentöne – so lässt selbst ein einfaches »Hallo!«-Wiehern erkennen, ob eine Stute oder ein Hengst, ein Jung- oder ein Alttier »spricht«. Wir können nur vermuten, dass aus Pferdesicht weitere, uns nicht so leicht zugängliche Botschaften in diesen Stimmsignalen verborgen sein könnten.

Pferde nutzen die Lautsprache, um über weite Entfernungen Kontakt aufzunehmen und Botschaften zu übermitteln.

Bei der Übertragung von Botschaften zwischen Mensch und Pferd mit Hilfe von Lauten oder Sprache kann, wie erwähnt, nicht auf gemeinsame »Karten« zurückgegriffen werden, die Signale können von beiden entweder aktiv oder passiv genutzt werden, nie von beiden Lebewesen sowohl/als auch (»Sie sagen »Hallo, Pferd! Schön, dich zu sehen!«, Ihr Pferd grummelt und übermittelt eine Botschaft mit ähnlichem Inhalt. Aber: Sie werden nicht brummeln, Ihr Pferd Sie nicht mit einem fröhlichen »Moinmoin, Eimerträgerin!« begrüßen). Selbstverständlich können Sie lernen, die per Lautsprache übermittelten Signale Ihres Pferdes zumindest grob zu »übersetzen«. Auch Ihr Pferd ist in der Lage, die Bedeutung menschlicher Lautsignale zu erfassen. Je einfacher diese gehalten sind und je konstanter sie von allen mit einem Pferd befassten Menschen benutzt werden, desto besser. Von großer Bedeutung sind auch die »Zwischentöne«, also die Art und Weise der Übermittlung (hohe vs. tiefe Stimme, laute vs. leise Stimme usw.) und die »Begleitbotschaften« des Menschenkörpers, die als Unterstützer, aber auch als Störfaktor wirken können.

Körpersprache

Wir Menschen vermitteln unabhängig von oder gemeinsam mit dem gesprochenen Wort weitere Botschaften über unseren Körper: Augenbrauen werden hochgezogen, Stirnen werden gerunzelt, es

Fair übermittelt hier eine Vielzahl an Informationen etwa über sein Geschlecht, seine Stimmung, die Richtung seiner Aufmerksamkeit.

Kleidung, Haarschnitt, Schmuck – wir Menschen senden zahlreiche Botschaften aus.

dieser Form von Kommunikation, richtig ist vielmehr, dass sie weitgehend unbewusst abläuft und sich damit unserem Einfluss ein Stück weit entzieht. Sie läuft in der direkten Kommunikation wie eine Art Hintergrundmusik, während die Sprache sozusagen die Melodie stellt. Trotzdem ist sie überaus wichtig und vermittelt uns jede Menge Zusatzinformationen, die allerdings oft nicht den Weg ins Bewusstsein finden, sondern die über die Sprache vermittelte Botschaft einfärben, abändern, klarstellen, variieren. Unser Körper arbeitet also mit an der Kommunikation, unser Verstand ist darauf vorbereitet, entsprechende Signale zu verarbeiten – eine gute Voraussetzung für die Verständigung mit unseren Pferden, die tatsächlich viel mit dieser Form von Informationsübermittlung arbeiten!

Wenn ein Pferd mit einem Artgenossen kommunizieren will, hat das meist etwas mit Bewegung zu tun. Zahlreiche Signale werden über Veränderungen einzelner Körperteile (Ohren anlegen, Schweif aufstellen), Körperregionen (Kopf und Hals anheben) und den gesamten Körper betreffende Zustände (Spannung, Haltung) übermittelt, wobei diese Botschaften nicht isoliert zu sehen sind, sondern nur im Verbund die Gesamtbotschaft übermitteln. So kann ein aufgestellter Schweif, ein erhobener Kopf und ein gespannter Trab einmal beim Imponieren, ein andermal beim Spiel und dann wieder bei der Flucht gezeigt werden und so »Meine Herrn, was bin ich doch für ein toller Hecht!«, »Komm, spiel mit, lauf mir nach!« oder »Ach du Schreck, da vorne kommt ein Säbelzahntiger!« heißen, je nach Ohrenspiel, Körperspannung, Gesichtsausdruck. Wer sich nur auf einzelne Signale konzentriert und nicht das

wird mit dem Finger gedeutet, dem Kopf geschüttelt, die Schultern werden hochgezogen, die Arme ausgebreitet. Diese Form der Signalübermittlung nutzen wir beispielsweise, um die Wirkung des gesprochenen Wortes zu verändern (»Mehr weiß ich auch nicht!«, »Meinst du das wirklich?«, »Das ist mir sehr wichtig!«) oder aber, um uns auch ohne Sprache zu verständigen (»He, Du, da musst Du hin!«). Es stimmt nicht, dass wir Menschen uns schwer tun mit dem aktiven und passiven Gebrauch

Pferd als Ganzes im Auge behält, wird viele Botschaften gründlich missverstehen.

Nicht vergessen, auch wenn es für die Kommunikation zwischen Pferd und Mensch von eher untergeordneter Bedeutung ist: Wir Menschen senden weitere Signale aus über die Art, wie wir uns kleiden, bewegen, sprechen, wie wir riechen; unsere Pferde übermitteln Botschaften an ihre Artgenossen auch über die Ausscheidung von Gerüchen, über ihr Aussehen allgemein (Geschlechtstyp, Alter). Kommunikation ist also eine sehr komplexe Angelegenheit, selbst wenn man innerhalb der Artgrenzen bleibt.

Und sie kommunizieren doch!

Lautsprache und Ausdrucksverhalten stehen als gemeinsame Kommunikationskanäle zur Verfügung, doch mit der Erarbeitung eines einheitlichen Zeichensatzes, der aktiv wie passiv von beiden beherrscht wird, tut man sich schwer. Glücklicherweise funktioniert die Kommunikation zwischen Pferd und Mensch trotz dieser Hindernisse. Im Grunde sind es sogar drei Wege, die sich auftun:

■ Zum einen klappt die Übertragung von Botschaften offensichtlich auch, ohne dass Pferde und Menschen auf dieselben »Karten« zurückgreifen können. Pferde sprechen also zu Menschen in der Pferdesprache, Menschen nehmen diese Botschaften wahr und interpretieren sie. Sie kommunizieren mit Pferden in der Menschensprache und die Pferde sind in der Lage, diese Botschaften zu empfangen und zu analysieren. Dass dies ein eher holpriger Weg ist, dass jeder erfolgreichen Kommunikation ein langer Lernprozess vorausgehen muss und es zu zahlreichen Fehlinterpretationen kommt, liegt auf der Hand.

■ Als zweite Möglichkeit bietet es sich an, als Mensch Elemente der Körpersprache des Pferdes so nachzuahmen, dass eine zumindest »gebrochene« Pferdesprache die direkte Verständigung ermöglicht. Zwar können wir weder den Schweif aufstellen noch die Ohren anlegen, aber wir können unseren Körper etwa bei der Bodenarbeit treibend oder verwahrend einsetzen. Wollen wir uns diesen Kommunikationsweg erarbeiten, müssen wir lernen, uns unsere Körpersignale bewusst zu machen. Wir müssen uns allerdings auch eingestehen, dass wir neben diesen bewusst gesendeten Signalen immer auch andere Botschaften schicken, die wir nicht unter Kontrolle haben und die unsere »gewollten« Signale verändern oder ihnen gar widersprechen. Auch dieser Kommunikationsweg ist also nicht frei von Problemen.

■ Schließlich gibt es noch einen verblüffend einfachen Weg: Warum erfindet man nicht einfach eine gemeinsame Sprache, eine neue, eine Kunstsprache, legt einen Extrasatz Karten an? Man geht diesen Weg tatsächlich bereits seit langem recht erfolgreich und Sie kennen diese »Sprache« auch: Es sind die Reiterhilfen. Allerdings ist auch diese Sprache keine wirklich gemeinsame Sprache, denn das Pferd ist hier immer Empfänger, niemals Sender.

Es bleibt also ein ziemliches Kuddelmuddel und es ist schon erstaunlich, zu welcher Harmonie Mensch und Pferd allen Problemen und Hindernissen zum Trotz gelangen können!

Anders, aber ähnlich

Aufbauend auf gewissen Parallelen im Sozialverhalten können Pferde und Menschen mittels erfolgreicher Kommunikation eine Beziehung entwickeln – »Beziehung« heißt, es muss ein Element von

Gegenseitigkeit vorhanden sein. Diese Gegenseitigkeit wird getragen, unterstützt, ermöglicht, vertieft durch den Austausch von Signalen, von Botschaften. Obwohl dies, wie wir gesehen haben, nicht ganz einfach ist, ist eine echte Kommunikation zwischen Pferd und Mensch möglich. Dabei ist vor allem der Pferdefreund in der Pflicht, der dank seines Intellekts Möglichkeiten hat, die dem Pferd verschlossen bleiben. Er kann sich nicht nur in der Praxis Erfahrung erwerben, sondern auch theoretisches Wissen aneignen. Darüber hinaus kann er das eigene Tun beständig kritisch beleuchten und aus

Bei den Reiterhilfen handelt es sich im Grunde um eine Art Kunstsprache.

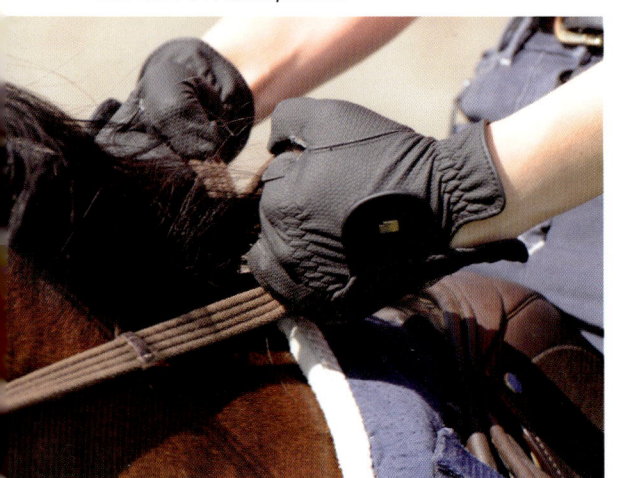

der Reaktion seines Pferdes Rückschlüsse über die Qualität der eigenen Kommunikationsversuche ziehen und entsprechend die Art und Weise seiner Signale variieren, bis sich der gewünschte Erfolg einstellt.

Zusammengefasst ...

Sobald die Kommunikation Artgrenzen überschreitet, wird es kompliziert: umständlich, unklar, mit vergleichsweise geringem Vokabular. Zum Glück nutzen Pferde und Menschen, wenn auch mit unterschiedlicher Gewichtung, zwei gemeinsame Informationskanäle: Sie verständigen sich innerhalb der Art über Körpersprache und Lautsprache. Trotz aller Unterschiede ist deshalb eine Verständigung über die Artgrenzen hinweg möglich, wenn auch nicht ohne Probleme.

... bedeutet das für den Pferdefreund

Kommunikation ist ein Werkzeug: Ohne »Handwerkszeug« guter Qualität, in dessen Gebrauch man sich ständig übt, ist keine wirklich erfolgreiche Arbeit mit dem Pferd möglich, ganz egal, wie man individuell »Erfolg« definiert. Die Erfahrung lehrt, dass es insbesondere die vom Menschen nicht bewusst gesendeten körpersprachlichen Signale sind, die Probleme bereiten: Sie werden vom Pferd gelesen und korrekt interpretiert, entziehen sich aber meist dem direkten Einfluss des menschlichen Senders und stehen deshalb oft im Widerspruch zu seinen bewusst gegebenen Signalen.

5

Hilfen, Signale und Co.

5. Hilfen, Signale und Co.

Austausch auf Augenhöhe

Wissen um Kommunikation und um Verhalten ergänzen sich oder vielmehr, beides gehört zusammen. Kommunikation braucht immer ein Gegenüber, doch »äußern« sich Pferde über ihr Verhalten auch ungerichtet und diese »Äußerungen« können durchaus Relevanz für Pferdefreunde haben, können Wichtiges mitteilen. So sind Verhaltensweisen wie Koppen, Weben oder Kreislaufen keine Kommunikation im eigentlichen Sinne, doch enthalten sie Botschaften, die wahrgenommen und korrekt interpretiert werden müssen – das Pferd sagt beispielsweise damit klar, dass die Grenzen seiner Anpassungsfähigkeit überschritten sind und dass es leidet. Signale dieser Art fordern zum Handeln auf. Ebenso zeigt ein entspannt in der Sonne dösendes Pferd, dass es sich wohl fühlt und mit seinem Leben momentan ganz zufrieden ist – kein Handlungsbedarf!

Wirklich gut in der »Pferdesprache« werden Menschen, die stets überprüfen, ob und wie ihre Botschaften beim Pferd ankommen. Signale an das Pferd sollen ja eine Reaktion auslösen – wenn möglich, die gewünschte – und wenn ein Pferd nicht oder nicht wunschgemäß reagiert, steht Ursachenforschung an. Dabei hilft die oben angeführte »Liste der Stolpersteine« nach Konrad Lorenz, immer vor dem Hintergrund der Frage »Was kann, was muss ICH ändern, damit es besser klappt mit der Verständigung?«.

Auch ungerichtetes Verhalten kann dem Menschen etwas sagen: Bitte setz mir meine Fliegenmaske auf!

Reiterhilfen: Kommunikationsdschungel mit Konsequenz

Man könnte lang und breit diskutieren, ob es sich bei den Reiterhilfen um Kommunikation im eigentlichen Wortsinne handelt oder nicht, aber das vorherige Kapitel enthielt schon genug graue Theorie. Mit dem Begriff »Reiterhilfen« sind die Einwirkun-

gen des Reiters auf sein Pferd gemeint; meist spricht man auch vereinfachend von den »Hilfen« und meint damit natürlich auch die bei der Bodenarbeit genutzten Signale.

Je nach Reitweise unterscheiden sich die Reiterhilfen signifikant. Schon dies ist ein Hinweis darauf, dass sich darin wohl keine »natürliche« Form der Hilfengebung im Sinne einer universellen oder arttypischen Kommunikation vermuten lässt. Die Art und Weise, wie Hilfen eingesetzt werden, folgt unterschiedlicher Logik. So soll ein Westernpferd unter eine belastende Hilfe treten, ein konventionell (»englisch«) gerittenes dagegen der Belastung weichen. Bei Westernpferden erfolgt die Hilfengebung impulsartig, die konventionell gerittenen Kollegen dagegen stehen dauernd an den Hilfen. Die eine Reitweise vermeidet es, vorwärts treibende und verhaltende Hilfen gleichzeitig zu geben, die andere basiert genau auf dieser Kombination. Was soll da falsch, was richtig, was »natürlich« sein?

Besser, man konzentriert sich auf die Beantwortung der Frage: Was muss grundsätzlich beim Einsatz von Hilfen beachtet werden, welche Vorgehensweise in der Hilfengebung folgt zwingend aus den arttypischen Eigenschaften aller Pferde, aus ihrem Pferd-Sein?

Kommunikation in der Arbeit mit dem Pferd

Reiterhilfen sind eine Kunstsprache, die von Reitern und Pferden erst erlernt werden muss. Mit zunehmender Übung »sprechen« beide diese Sprache immer flüssiger, es bedarf zunehmend weniger Aufwand, um zu einer harmonischen Übereinstimmung zu gelangen. Zwar sind die Reiterhilfen je nach Reitweise genau definiert und beschrieben, doch enthält die Einwirkung des Reiters und die Reaktion seines Pferdes immer ein individuelles Element, eine Art »persönlichen Dialekt«. Dies kommt dadurch zustande, dass sich zum einen zwischen einander vertrauten Reitern und Pferden Routinen einstellen, zum anderen aber auch, weil jeder Reiter, jedes Pferd aktuell auf der Grundlage bereits gemachter Erfahrungen agiert und reagiert – und die sind halt unterschiedlich.

Der Mensch macht es seinem Pferd und indirekt damit auch sich selbst leichter, wenn er bestimmte »Regeln« einhält:

Regel Nummer 1: Die Botschaften, mit denen bestimmte Reaktionen gefordert werden, sind immer gleich, gut voneinander zu unterscheiden und nicht widersprüchlich.

Eigentlich geht es in dieser Regel also um drei Aspekte mit einem gemeinsamen Ziel: Eindeutigkeit. An das Pferd gerichtete Signale müssen konsistent sein, es heißt also nicht heute »Komm, Trab!«, morgen, »Terrab!« und übermorgen schnicken Sie nur mit der Peitsche. Überlegungen wie »Ei, der meint bestimmt Trab, so wie der guckt. Dann trab ich halt mal an, er wird schon meckern, wenn es doch falsch ist!« sind dem Pferd nicht möglich.

Signale sollten außerdem gut voneinander zu unterscheiden sein. Wenn ein Pferd darauf trainiert wird, auf ein ruhiges, mit tiefer Stimme gesprochenes »Hoooo!« anzuhalten, sollte es nicht mit einem »Sooooo ist es gut!« gelobt werden, da es »Hoooo!« und »Sooo!« nicht sicher unterscheiden kann und bei jedem Lob abbremsen wird.

Und schließlich ist darauf zu achten, keine einander widersprechende oder sich gegenseitig ausschließende Signale zu geben. Oft hat scheinbarer Ungehorsam oder Zögerlichkeit des Pferdes seine Ursache in einem vom Menschen unbemerkten Widerspruch zwischen seinen willkürlichen und unwillkürlichen (und unbewussten) Botschaften. Je sensibler das Pferd, desto feiner reagiert es.

Hier widersprechen sich die Botschaften: Gerte und Stimme sagen »Geh voran!«, die linke Hand vor dem Pferdekopf aber bremst (Demonstration).

Regel Nummer 2: Sie bestehen darauf, dass Ihr Pferd reagiert.

Es geht hier nicht um »Dominanz« oder gar »Kadavergehorsam«, sondern darum, dass ein Pferd nur so verstehen kann, was man von ihm will. Und nur so auch kapiert, dass es ernst gemeint ist. Ohne eine zeitnahe und immer gültige Verknüpfung zwischen Signal und Antwort bleibt jede Botschaft an das Pferd wirkungslos.

Sie geben beständig Signale ab, bewegen sich, sprechen und Ihr Pferd »weiß« nicht automatisch, welche dieser Signale denn Botschaften enthalten, die an es gerichtet sind. Hat Ihr »Hatschi!« eine Bedeutung? Ist das Pferd gemeint, wenn Sie den Arm schlenkern, um eine Fliege loszuwerden? Fordern Sie keine Reaktion auf an das Pferd gerichtete

Botschaften, wird es lernen, Sie zu ignorieren. Nicht etwa aus einer »Ich soll zwar Antraben, aber mal sehen, was sie macht, wenn ich einfach nicht reagiere!«-Haltung oder gar einer »Antraben? Ey, da hab ich jetzt echt keinen Bock drauf! Soll die doch mal traben bei der Hitze!«-Verweigerung heraus, sondern eher im Sinne von »Hm. Da hat sie wieder ein Geräusch gemacht und so rumgefuchtelt. Macht sie irgendwie dauernd. Naja. Macht ja nichts.«
Eng verknüpft ist mit diesem Grundsatz die nächste wichtige Regel.

Regel Nummer 3: So viel wie nötig, so wenig wie möglich.

Was Intensität und Häufigkeit Ihrer Signale angeht, handeln Sie immer und überall nach diesem Grundsatz. Ziel ist die möglichst feine, wenig aufwändige

Das noch junge Pferd muss wie hier beim Angaloppieren erst eine Verbindung zwischen den Reiterhilfen und der erwünschten Reaktion knüpfen.

Kommunikation. Unter einem Dauerfeuer von Hilfen können weder Sie noch Ihr Pferd diese Fähigkeit entwickeln, es braucht auf beiden Seiten feine Antennen. Eine gute Hilfe auf dem Weg dahin ist die »Dreier-Regel«: Sie dosieren jede Anweisung in drei Intensitätsgraden. Reagiert Ihr Pferd auf ein erstes Signal nicht, wird es erneut und mit verstärkter Intensität aufgefordert, notfalls eben auch ein drittes Mal. Wichtig: Bei jeder Wiederholung muss im Grunde dasselbe Signal in die Hilfengebung integriert werden, was in der Praxis häufig nicht geschieht. Typischer Fehler: Beim Antraben kommt erst das Stimmsignal »Komm, Terrab!«. Reagiert das Pferd darauf nicht mit Antraben, wird »Ey, los doch!« gerufen und heftig die Peitsche geschwungen, beim dritten Versuch knallt dann die Peitsche und der Trainer brüllt das Pferd an. Für das Pferd ist nicht

erkennbar, dass alle drei Antrab-Versuche im Grunde dasselbe von ihm verlangen! Besser: Einmal »Komm, Terrab!«, beim zweiten Versuch »Komm, Terrab!« plus ein Signal mit der Peitsche und beim dritten und letzten Mal »Komm, Terrab!« und energische Peitschenhilfe mit Touchieren.

Regel Nummer 4: Sie haben den Leitsatz des selbstkritischen Reiters »Der Fehler sitzt immer im Sattel« verinnerlicht und handeln stets danach.

Eigentlich sollte das Motto lauten »Der Fehler sitzt immer im Sattel, wenn er nicht grad am anderen Ende der Longe oder des Führstricks hängt«. Damit ist nicht gesagt, dass ein Pferd nichts falsch machen kann oder wird, sondern vielmehr, dass der Mensch die Verantwortung für jedes Handeln des Pferdes

Flüssige und korrekte Reaktionen sind das Ergebnis fein dosierter, überlegter Hilfen.

Ist die Kommunikation geglückt, halten Sie inne, loben Ihr Pferd, geben ihm Gelegenheit, das Gelernte zu verarbeiten.

trägt und es an ihm liegt, wenn es nicht klappt wie gewünscht. Er muss dann die Hilfengebung überprüfen, die Gesamtsituation kritisch betrachten, sich fragen, ob das Pferd überfordert ist usw. Es ist seine Aufgabe, so mit seinem Pferd zu kommunizieren, dass es in der Lage ist, wie gewünscht auf alle Signale zu reagieren. Und der Mensch muss es im Rahmen der Ausbildung in die Lage versetzen, eine geforderte Reaktion leisten zu können.

Regel Nummer 5: Ziel ist der jeweils kleinste denkbare Schritt in die richtige Richtung.

Natürlich wollen Sie sich zusammen mit Ihrem Pferd entwickeln und das bedeutet, dass Sie sich immer wieder neue Ziele setzen. Wenn es aber darum geht, eine erfolgreiche Kommunikation zu etablieren, ist jeder Schritt auf dieses Ziel zu bereits ein Erfolg und sollte entsprechend gewürdigt werden. Würdigen heißt zum einen, belohnen, zum anderen aber auch, ein wenig innehalten, das Ganze sich setzen lassen und dann durch Wiederholung und Verfeinerung als »Kann ich schon!« etablieren, bevor man den nächsten Schritt wagt.

Regel Nummer 6: Kommunikation und Kooperation müssen sich für das Pferd lohnen.
Regen Sie Ihr Pferd an, mit Ihnen Kontakt aufzunehmen und zu kommunizieren, indem Sie auf jeden Versuch eingehen. Belohnen Sie Ihr Pferd, wenn es auf Ihre Signale wie erwünscht reagiert. Bestrafen Sie Misserfolge nicht, sondern korrigieren Sie Ihr Pferd. Ihr Pferd muss entdecken, dass ein »Gespräch« mit Ihnen möglich ist und in einem zweiten Schritt merken, dass ihm dies Vorteile bringt, wobei »Vorteil« nicht materialistisch ausgelegt werden sollte – jeder positive soziale Kontakt ist für das Herdentier Pferd eine Bereicherung. Also: Loben, loben, loben!

Und dann wäre da noch die
Regel Nummer 7: Kommunikation braucht Konzentration
Vielen Menschen fällt es schwer, ruhig zu werden, sich zurückzunehmen, zu fokussieren. Je besser dies gelingt, desto effektiver wird der Mensch mit seinem Pferd kommunizieren können. Weil er nicht mehr dauernd dazwischen quatscht. Weil er sich auf das Wesentliche beschränkt. Weil er schneller merkt, wo ihm Fehler unterlaufen. Weil er genauer beobachtet und analysiert, wie seine Botschaften beim Pferd ankommen. Und weil es ihm deshalb zunehmend besser gelingt, sein Pferd unmittelbar, verständlich, deutlich anzusprechen.

Kleiner Tipp: Lassen Sie sich einmal filmen, am besten beim Longieren. Und dann sehen Sie sich an, wie (unruhig) Sie agieren und wie (verwirrt) Ihr Pferd reagiert. Jetzt wird Ihnen auch klar, warum Ihr Pferd vorhin unvermittelt anhielt, obwohl Sie doch kein Signal zum Anhalten gegeben hatten (dachten Sie zumindest): Sie haben sich mit einer raschen Handbewegung die Haare aus dem Gesicht gestrichen und Ihr tolles, feines, sensibles Pferd hat diese

»Botschaft« völlig korrekt als verwahrende Hilfe interpretiert ...

Und als letzte, aber überaus wichtige Regel: Fehler werden nicht bestraft, sondern korrigiert.
»Strafen« impliziert, dass jemand »böse« war, und das ist Ihr Pferd ganz sicher nicht. Es wird Fehler machen und es ist Aufgabe des Reiters oder Longenführers, drei Dinge zu tun: Der Mensch bildet sein Pferd aus und erzieht es so, dass es wie gewünscht reagieren kann; darüber hinaus wird es dem Pferd immer leicht gemacht, richtig zu reagieren und es wird ihm schwer gemacht, falsches zu tun.

Timing, Verstärker, Wiederholung
Damit ein Pferd lernen kann, müssen weitere Rahmenbedingungen stimmen.
Ganz grundsätzlich sorgt der Mensch für eine ruhige Atmosphäre, in der das Fluchttier Pferd entspannen kann. Unter Angst und Druck wird der Lernerfolg behindert, weil instinktive Reaktionen alles andere in den Hintergrund stellen: Ein Pferd kann sich nicht auf Hilfen konzentrieren, kann nicht kooperativ mitarbeiten, wenn alles in ihm schreit: »Rette Dich vor der Gefahr!«. Vor dem Hintergrund des Wissens um das Wesen aller Pferde müssen auch Anleitungen, wie Pferde mittels Druck zu Leistungen oder durch subjektiv (aus Pferdesicht) gefährlichen Situationen gezwungen werden sollten, äußerst kritisch betrachtet werden. Hintergrund solcher »guter Ratschläge« ist meist eine wenig pferdefreundliche und wenig sachkundige Sicht, dass »der Gaul sich bloß stur stellt«, dass »man ihm mal zeigen muss, wer hier der Chef ist« und er sowieso » könnte, wenn er nur wollte, aber er will halt nicht, der Bock!«. Pferde sind zu vorsätzlichem Ungehorsam in diesem Sinne (»Ich tu mal so,

Je ruhiger der Mensch in kniffligen Situationen bleibt, desto eher stellt sich beim Pferd ein Lernerfolg ein.

als ob ich mich vor der Mülltonne fürchte, weil ich meinen Reiter ärgern will!«) intellektuell nicht fähig. Je schneller und feiner wir selbst agieren und reagieren, desto eher findet das Pferd eine Verknüpfung und merkt sich diese. Es bleibt nicht viel Zeit, weniger als eine halbe Sekunde, in der unsere Reaktion vom Pferd in einen Zusammenhang mit dem voran gegangenen Ereignis gebracht werden kann. Immer wieder schnell reagieren, ohne aber hektisch oder überstürzt zu handeln, das verlangt nach Konzentration und viel Übung.

Das richtige Timing spielt eine große Rolle vor allem im Zusammenhang mit Verstärkern. Verstärker nennt man in der Lerntheorie einen Reiz, der in unmittelbarem Zusammenhang mit einem bestimmten Verhalten auftritt und mit diesem verknüpft wird. Dieser Reiz wird als angenehm empfunden und unter bestimmten Umständen so mit dem Verhalten verknüpft, dass dieses in der Folge besser, konstanter, schneller abrufbar gezeigt wird. Es findet eine Konditionierung statt, das Lebewesen wird auf ein bestimmtes Verhalten konditioniert. Diese Zusammenhänge werden gezielt als Technik eingesetzt, um das Lernen gewünschten Verhaltens gezielt zu fördern. Klingt sehr komplex und verkopft, ist aber wirklich ganz einfach und jeder kennt das, hat es selbst schon viele Male eingesetzt: Unser Pferd reagiert wie gewünscht, tut einen Schritt in

Reize, die beim Pferd ein gutes Gefühl auslösen, können aktiv als Lern-Hilfe genutzt werden.

die richtige Richtung und wir belohnen seine Bemühungen mit einem dicken Lob. Nichts anderes meint »Verstärker«: Ein für das Pferd angenehmer, also als positiv empfundener Reiz wird bewusst in einem engen zeitlichen Zusammenhang mit dem erwünschten Verhalten gesetzt.

Das Lob muss nicht nur rasch erfolgen, es muss sich auch für das Pferd gut anfühlen und nicht etwa für uns selbst: Wir entlassen das Pferd in die Dehnung, legen eine kurze Pause ein, lassen die Zügel aus der Hand kauen, wir kraulen es an der Stirn, der Vorderbrust, auf der Kruppe, wir setzen unsere Stimme in (»Tolles Pony! Fein gemacht!«) und nein, wir klatschen eben nicht mit der flachen Hand auf den Hals. Warum nicht? Weil das nicht »Pferdesprache« ist, sondern nur eine Nachahmung des menschlichen Beifallsklatschens und für Pferde bedeutungslos bis unangenehm.

Ein besonders wirksamer Verstärker ist Futter. Futterbelohnungen können sehr effektiv eingesetzt werden, um Lernerfolge zu fördern, doch kann man sich mit Leckerli auch ganz schnell einen verwöhnten, aufdringlichen Taschenkriecher »erziehen«. Wenn Sie Futterbelohnungen einsetzen, sollten Sie beachten:

■ Nie, wenn die Rangfolge nicht eindeutig und stabil zu Ihren Gunsten geklärt ist,

Wenn loben, dann bitte pferdegerecht – Klatschen ist keine »Pferdesprache«.

■ immer nur in einem engen zeitlichen Zusammenhang mit erwünschtem Verhalten,
■ nie vorab, grundlos oder als Bestechung,
■ nie als Reaktion auf ein Einfordern der Belohnung durch das Pferd oder wenn es kurz vor oder bei der Gabe ein anderes, unerwünschtes Verhalten zeigt (z.B. aufdringlich wird).

Klickern oder Kuscheln?

Klickertraining ist bekannt, beliebt und erfolgreich, gegen Klickertraining ist nichts einzuwenden, aber bei näherem Hinsehen wird klar: Es geht auch einfacher.

Das Klickertraining basiert auf einer »operante Konditionierung« genannten Form der Verhaltenskonditionierung (Lernen kann als Verhaltenskonditionierung aufgefasst werden). Es funktioniert grob wie folgt: Das von einem Spielzeug (ursprünglich ein Knackfrosch) erzeugte Klick-Geräusch wird als positiver Verstärker genutzt. Dieses Geräusch ist für das Pferd zunächst völlig ohne Bedeutung, ein neutraler Reiz. Das »Klick« wird deshalb in einem ersten Prozess mit einer Bedeutung quasi »aufgeladen«, indem man dem Pferd immer wieder eine kleine Futterbelohnung reicht (ein primärer Verstärker, also einer, dessen Bedeutung das Pferd nicht erst lernen muss) und dabei das Geräusch

Futter ist ein sehr effektiver Verstärker, dessen Bedeutung das Pferd nicht erst erlernen muss.

erzeugt. Mit der Zeit entsteht beim Pferd eine feste Verknüpfung zwischen dem »Klick« und dem guten Gefühl, das durch die Belohnung ausgelöst wurde. Dieses gute Gefühl lässt sich nach einiger Zeit alleine durch das »Klick« auslösen, es braucht keine Futterbelohnung mehr; dessen Bedeutung wurde quasi auf das zuvor neutrale Geräusch übertragen. In der Folge kann nun bei jedem Lernerfolg ein »Klick« erzeugt werden (das Klicken ist zum sekundären Verstärker geworden, das Pferd hat seine Bedeutung erlernt) und das Pferd fühlt sich belohnt, als hätte es ein Leckerli bekommen.

Entsprechende Fachbücher enthalten meist nicht nur eine genaue Anleitung, wie mit dem Klicker verfahren werden muss, sondern auch einen Leitfaden zur Erziehung oder zu bestimmten Ausbildungsinhalten, die mit seiner Hilfe vermittelt werden sollen. Genau dies macht sie so erfolgreich: Dem Menschen wird eine Gebrauchsanleitung an die Hand gegeben, ein Roter Faden, dem sich leicht folgen lässt. Deshalb muss genau getrennt werden: Ist das Klickertraining selbst so effektiv oder sind es die mitgelieferten Anleitungen? Denn diese Inhalte sind im Grunde nicht Bestandteil des Klickertrainings, sondern nur eine Anwendungsmöglichkeit. Wenn man also nach der Effektivität fragt, danach, ob diese Methode sinnvoll ist oder nicht, muss man dazu nur das eigentliche Klickertraining betrachten.

Pause einlegen, entspannen lassen, loben: Schnelle, einfache, verständliche Verstärker.

Und kommt dann vielleicht zu dem Schluss, dass es auch einfacher geht. Vielleicht stellt man überrascht fest, dass sogar jeder von uns diese Methode im Grunde schon lange nutzt. Auch Sie.

Denken Sie an eine Situation, bei der Sie Ihr Pferd gelobt haben. Mit großer Wahrscheinlichkeit haben Sie Ihr Pferd gekuschelt, gekrault, ihm ein Leckerli gegeben, es ruhen lassen, die anstrengende Übung eingestellt, was auch immer und gleichzeitig mit der Stimme ein Lob ausgesprochen: »Guuuut gemacht! So ist es fein! Ja, priiiima! Braaaaves Mädchen!« Ihr Pferd wird automatisch eine Verbindung zwischen dem durch das Leckerli, das Streicheln, die

Entspannung ausgelösten guten Gefühl und dem über die Stimme ausgesprochenen Lob (den Worten, aber auch der Stimmlage) knüpfen; es wird ganz von alleine auf das stimmliche Lob konditioniert. Nach einiger Zeit reicht die Stimme aus, um dieses »Ich werde gelobt und das fühlt sich gut an!« auszulösen – was beim Klickertraining das »Klick« des Knackfrosches übernimmt. Sie könnten im Grunde auch jedesmal »Brombeermarmelade« sagen, wenn Sie Ihr Pferd kuscheln, ihm ein Loch ins Fell streicheln oder ihm ein Leckerli anbieten, es wird sich nach einiger Zeit alleine auf das Wort »Brombeermarmelade« hin gut, gelobt, gekuschelt fühlen. Tun Sie natürlich nicht, aber das Prinzip ist klar.

Die Vorteile: Ihre Stimme haben Sie immer mit dabei, Sie brauchen keine freie Hand und können sie deshalb auch bei jeder Form des Trainings, jeder Lektion einsetzen. So entsteht für das Pferd mehr Kontinuität, es weiß schneller und sicherer, was mit diesem Lob gemeint ist, solange Sie sich bemühen, regelmäßig zu loben und dabei denselben oder einen ähnlichen Wortlaut, verbunden mit ähnlicher oder gleicher Stimmlage usw. zu nutzen.
Also:

Klickern und Kuscheln im Vergleich

Verhaltens-konditionierung	*Operante Konditionierung*	*Operante Konditionierung*
Zugrunde liegendes Prinzip	*Ein zunächst neutraler Reiz wird zeitgleich oder sehr zeitnah mit einem primären Verstärker gegeben und so mit der Bedeutung: »Jetzt kommt die Belohnung« versehen. Aus dem neutralen Reiz wird ein sekundärer Verstärker*	
Primärer Verstärker	*Meist Futterbelohnung*	*Kraulen, Streicheln, Futterbelohnung, jeder angenehme Körperkontakt, Entspannung, Pause, …*
Sekundärer Verstärker	*Klick*	*Stimmlob*
Verfügbarkeit des sekundären Verstärkers	*Jede Form des Trainings, bei der der Trainer eine Hand für den Knackfrosch frei hat*	*Jede Form des Trainings, bei dem der Reiter genug Luft hat, um ein Lob auszusprechen – also: jede Form des Trainings*
Vorteil(e)	*Reiz neutral und gleichbleibend, also etwa von Stimmungen des Trainers unbeeinflusst* *Entsprechende Anleitungen meist mit komplettem Programm zur Erziehung oder Ausbildung erhältlich* *Das Klicken ist unverwechselbar*	*Immer verfügbar* *Wird meist unbewusst regelmäßig eingesetzt, muss vom Trainer nicht neu erlernt werden* *Unterstreicht persönliche Beziehung zum Pferd* *Kommt dem Menschen als geborenem »Dauer-Redner« entgegen*
Nachteil(e)	*Trainer muss Hand frei haben, also beim Reiten, Fahren, Longieren, Doppellonge kaum anwendbar* *Für viele Pferdemenschen wenig attraktiv, weil Knackfrosch unpersönliches, »kaltes« Instrument*	*Im Einsatz stimmungsabhängig* *Weil oft unbewusst bzw. quasi automatisch, oft nicht sehr stringente Handhabung – gewisser Lernprozess auch hier unumgänglich* *Verwechslungen mit anderen Stimmsignalen sind möglich (»Hoooo!« zum Anhalten, »Soooo ist es brav!« als Lob)*

Keine Hand frei für den Knackfrosch – Marion lobt mit der Stimme (siehe Pferdeohr) und das funktioniert genauso gut.

Zusammengefasst ...

Die Erkenntnisse der modernen Verhaltensforschung liefern weitere, wichtige Hinweise für das praktische Training, den täglichen Umgang. Damit die Kommunikation, das wichtigste Werkzeug des ausbildenden Pferdefreundes, auch klappt, müssen bestimmte Grundregeln beachtet werden. Beständigkeit, häufige positive Rückmeldungen und Verständlichkeit aus Pferdesicht sind dabei ausschlaggebende Faktoren.

... heißt das für den Pferdefreund

Im Grunde genommen sollte der Pferdefreund immer zwei Aspekte von Umgang, Training und Erziehung parallel im Auge behalten: Zum einen die eigentlichen Inhalte, die vermittelt werden sollen, zum anderen die Art und Weise, wie dem Pferd die Wünsche und Anweisungen seiner Bezugsperson verdeutlicht werden. Hier setzt er auf richtiges Timing und positive Verstärker, in welcher Form auch immer.

6

Pferdeversteher im Alltag

6. Pferdeversteher im Alltag

Harmonie durch Wissen und Verständnis

Wissen, wie Pferde sich verhalten, welche angeborenen Bedürfnisse sie haben, ihre Kommunikation verstehen, so gut es eben geht, sich selbst mit Pferden verständigen – aus Verständigung und Verständnis erwächst die Harmonie, die der Pferdefreund sich wünscht. Dabei muss auf ein unbeschwertes Miteinander oder auf sportliche Leistungen nicht verzichtet werden, im Gegenteil. Hätte man für Pferde keine neue(n) Aufgabe(n) gefunden, als der Verbrennungsmotor sie von der Arbeit als Zug- und Lasttier freistellte, wären sie wohl inzwischen ausgestorben. Heute ist der Pferdesport so aktuell wie nie, und es geht vielen unserer Pferde besser als je zuvor. So manche Neuerung aber muss durchaus auch kritisch betrachtet werden. In diesem Zusam-menhang interessiert uns die schon inflationäre Nutzung des Begriffs »Natürlichkeit« im Zusam-menhang mit dem Pferdesport. Klingt ja erst einmal gut.

»Natürlichkeit« unter der Lupe

»Natürlich« ist inzwischen zu einem Biosiegel-Äquivalent im Pferdebereich geworden: Es wimmelt von »natürlichen« Ausbildungsmethoden, »natürlichem« Pferdefutter, »natürlichen« Zäumungen. Gerne wird im Umkehrschluss stirnrunzelnd mit dem Finger auf all die anderen Produkte gezeigt, die selbstverständlich »unnatürlich« sind. Was »natürlich« ist, ist automatisch auch gut, pferdefreundlich und der Besitz oder die Anwendung eines mit diesem Eigenschaftswort belegten Ausrüstungsstücks oder einer Technik weist überdies den Anwender

Nur weil man neue Aufgaben für sie fand, konnten Kaltblutpferde überleben – nur weil Pferde gebraucht werden, werden sie gezüchtet.

Die Frage »Ist dies natürlich?« bringt uns nicht weiter; wir fragen besser: »Ist dies pferdegerecht?«

und Nutzer als aufgeklärten Menschen und wahren Pferdefreund aus. Wobei man geflissentlich übersieht, dass am Reiten und Fahren, im Grunde an der ganzen Pferdehaltung und Pferdezucht eigentlich nichts natürlich ist. »Natürlich« kommt von »Natur« und unsere Pferde leben nicht mehr als Wildtiere ebendort, sondern als domestizierte Nutztiere und Freizeitpartner unter menschlicher Obhut.

»Natürlich« wäre ein Leben in Freiheit, aber dann bitte mit allen Konsequenzen. Kein Hufschutz, keine Zufütterung, keine Zuchtauswahl, kein Witterungsschutz, keine Impfung und Entwurmung. Zähne werden nicht geraspelt, Geburtshilfe wird nicht geleistet, Wunden werden nicht versorgt, Koliken nicht behandelt, alte Pferde werden nicht gepäppelt, sondern sie verhungern und erfrieren. DAS wäre natürlich. Will aber niemand, vermutlich nicht einmal Ihr Pferd.

Besser als natürlich

Ein natürliches Leben können wir unseren Pferden nicht bieten – oder besser, zumuten – aber so ganz wollen wir uns vom hehren Ziel der Natürlichkeit nicht verabschieden. Das hängt damit zusammen, dass unsere Pferde auch in unserer Obhut nichts von ihrem Pferd-Sein verloren haben.

Wie kann ein »natürlicher« im Sinne von verhaltensgerechter, artgerechter, pferdegerechter Umgang mit unseren Pferden aussehen, wie lässt sich das Pferd-Sein im Rahmen der Pferdehaltung angemessen berücksichtigen, wie macht sich das Pferdeverhalten bei Situationen außerhalb des Trainings bemerkbar?

Artgerechtes Training

Bei jeder Arbeit mit dem Pferd nutzen wir, oft gleichzeitig, unterschiedliche Möglichkeiten zur Verständigung. Eine standardisierte Sammlung von Signalen wurde bereits erwähnt: Sie heißt »Hilfen« oder »Reiterhilfen«. Diese Hilfen haben bei näherem Hinsehen meist eine nachvollziehbare Basis im natürlichen Pferdeverhalten oder widersprechen diesem zumindest nicht, und nur deshalb funktionieren sie überhaupt. So sind Prinzipien des gegenseitigen Ausweichens und Weichenlassens beim Longieren wiederzufinden: Druck von hinten (über die Longierpeitsche und/oder einen Seitwärtsschritt des Longenführers) treibt das Pferd voran, Druck von vorne (über die Longe und/oder einen Seitwärtsschritt des Longenführers) bremst es ab, Druck in Richtung Körpermitte treibt es nach außen.

Training ist dann artgerecht, wenn mindestens drei Grundbedingungen erfüllt werden:

■ Die gegenseitige Verständigung basiert auf Kommunikationsformen, die dem Pferd zugänglich sind, die Hilfengebung hat eine Grundlage im natürlichen Pferdeverhalten.

■ Alle Trainingsinhalte nutzen arttypische Bewegungsmuster als Basis.

■ Beim Training wird die Tatsache, dass Pferde ana-

Mit einem angedeuteten Schritt in die Bewegungsrichtung und gesenkter Longierpeitsche wird signalisiert: »Halte an!« oder »Werde langsamer!«

tomisch wie physiologisch nicht auf das Geritten-Werden oder Gefahren-Werden ausgerichtet sind, ausreichend berücksichtigt.

»Der Reiter formt das Pferd!« heißt es und damit ist auch gemeint, dass der Reiter das Pferd erst einmal zum Reitpferd machen muss. Seine entscheidende Aufgabe: Den gesamten Trageapparat durch geeignete Übungen so zu stärken, dass er die Reiterlast aufnehmen und darunter Leistung erbringen kann.

Die erhobene Peitsche und ein Schritt zur anderen Seite sagt ihm: »Geh wieder an!«

Es wurde bereits erwähnt: Weil Reiten an sich nicht »natürlich« ist.

Noch ein Element artgerechten Trainings: Es wird oft empfohlen, dem Fluchttier Pferd durch möglichst viele Routinen mehr Sicherheit zu geben. Die Kehrseite dieser Medaille: Es darf nicht vergessen werden, dass allzu viel Gleichförmigkeit zu Unaufmerksamkeit führen kann und dazu, dass jede Abweichung von der Norm das Pferd tatsächlich überfordert. Routinen schläfern ein, stumpfen ab,

machen das Pferd zum Fachidioten. »Die Hufe müssen immer in derselben Reihenfolge ausgekratzt werden!« oder »Immer nur von links aufsitzen!« – was früher beim Militär galt, darf heute ruhig kritisch hinterfragt und anders gehandhabt werden. In manchen Situationen aber sollte der Reiter berücksichtigen, dass Pferde Neuerungen gegenüber misstrauisch sind: Wenn heute das erste Mal ein Mensch auf der Parkbank sitzt, an der man schon so häufig vorbeigeritten ist, wenn im Frühling schlagartig große Pflanzen dort stehen, wo gestern noch nichts zu entdecken war, wenn bei der Schneeschmelze statt des einheitlichen weißen Kleides die Umgebung plötzlich weiß gescheckt erscheint – aufmerksame Pferde werden dies konsterniert zur Kenntnis nehmen und verdutzt stehen bleiben, bis das Signal des Reiters kommt: Alles in Ordnung! Ich passe ja auf!

Artgerechtes Training berücksichtigt auch die Tatsache, dass Pferde Reizen gegenüber grundsätzlich sehr aufmerksam sind. Unter einem Trommelfeuer an Hilfen stumpfen sie deshalb mehr und mehr ab, ihre Reaktionen werden beständig schwächer, was zu einer noch intensiveren Hilfengebung führt. Dieses »Desensibilisierung« genannte Phänomen hat seine Ursache meist darin, dass Reiter die Sensibilität ihrer Pferde unterschätzen und in ihrer Hilfengebung widersprüchlich, undeutlich oder nicht konsistent sind. Reagiert das Pferd dann nicht wie gewünscht, sucht der Reiter sein Heil in einer Intensivierung der Hilfen oder greift nach immer stärker einwirkenden Ausrüstungsgegenständen – ein Teufelskreis.

Artgerechte Bewegung

Das unter dem Reiter oder im Gespann abrufbare Bewegungsrepertoire gründet auf dem arttypischen Pferdeverhalten. Die Ausbildung unter dem

Reagiert ein Pferd nicht wie gewünscht, führt der Einsatz immer stärker wirkender Ausrüstungen in eine Sackgasse.

Sattel, vor der Kutsche oder an der Hand dient auch dazu, diese Bewegungsmuster jeweils mit bestimmten Hilfen zu verknüpfen und so abrufbar zu machen. Alle Gangarten, die Lektionen der Hohen Schule oder die Fähigkeit, Hindernisse im Sprung zu überwinden, sind genetisch angelegt, sie werden im Laufe eines Pferdelebens verbessert und verfeinert. Im Laufe der Ausbildung werden einzelne Elemente allerdings häufig bevorzugt geübt, andere vernachlässigt oder ganz weggelassen. Misst man die Inhalte von Training und Wettbewerb unvoreingenommen an den arttypischen Formen der Bewegung lässt sich schnell herleiten, ob und wo ein

Pferd dem möglicherweise nicht gewachsen sein könnte. Überlastungen und daraus resultierende Gesundheitsstörungen sind weniger häufig die Folge individueller Schwächen, sondern haben meist ihre Ursache in einem Übermaß an einseitigen Bewegungsmustern: Die Pferde erkranken nicht, weil sie springen müssen, sondern weil sie zu oft und zu hoch springen und andere Bewegungsarten als Ausgleich fehlen. Sie entwickeln keine Arthrose durch das Reiten von Dressurlektionen, sondern durch dauerndes Reiten in extremen Spannungszuständen und unzuträglichen Haltungen (»Rollkur«, heute euphemistisch »Hyperflex-

Die Rollkur ist heute Alltag auf Abreiteplätzen, auch bei Springturnieren.

ion« genannt und immer noch Alltag nicht nur auf Abreiteplätzen).

Wo die Differenz zwischen arttypischen und bei der Nutzung abverlangten Bewegungen im Hinblick auf Muster, Dauer und/oder Intensität zu groß werden, sollte der Pferdefreund gegensteuern. Ergänzend sorgt er für freie Bewegung über das eigentliche Training hinaus. Vor allem ruhiger, gleichmäßiger Schritt in entspannter Haltung (Weidegang) ist in diesem Zusammenhang von großer Bedeutung, da Pferde einen Großteil ihres für Bewegung vorgesehenen Time Budgets im gemächlichen Schritt verbringen und dem aber beim Training mit dem

Menschen oft nur sehr wenig Zeit zugestanden wird.

Zu beachten ist auch, dass Pferde täglich auf diese Weise bewegt werden. Pferde brauchen keinen »Stehtag« in der Box und möchten auch bei nach menschlicher Einschätzung »schlechtem« Wetter raus. Gegen freie Tage, die im Offenstall oder auf der Weide verbracht werden können, ist nichts einzuwenden. Werden Pferde unter dem Sattel oder im Gespann genutzt, sollten sie durchschnittlich etwa fünfmal wöchentlich gearbeitet werden. Falsch wäre es, sie unter der Woche »ausruhen« zu lassen, um dann am Wochenende lange, vermeintlich

Regelmäßiges Training und zusätzlich die Möglichkeit, sich täglich frei zu bewegen, das ist artgerecht.

gemütliche Ritte zu unternehmen: Gemütlich ist dies nur für den Menschen, der sich auf dem für diese Belastung nicht ausgelegten Pferderücken durch die Gegend schaukeln lässt. Am besten noch am langen Zügel, weil das ja so natürlich ist – bis der Rücken aufgrund einer Trageermüdung quasi »durchbricht«.

Zusammengefasst ...

»Natürlichkeit« ist kein guter Maßstab, wenn es um die Beurteilung von Trainingsinhalten, Reitweisen oder Ausrüstungsgegenständen geht. Besser ist es zu fragen: Entspricht dies dem, was wir über arttypische Bedürfnisse, Verhaltensweisen, Eigenarten wissen? Berücksichtigt dies, was wir als »pferdetypisch« kennen? Oder steht es gar im Widerspruch dazu?

... heißt das für den Pferdefreund

Jede Nutzung des Pferdes durch den Menschen ist eine Balanceakt: Ohne eine Aufgabe an der Seite von Pferdefreunden wäre es um die Zukunft der meisten Rassen schlecht bestellt; artet ihre Nutzung aber in ein Benutztwerden und Ausgenutztwerden aus, sind die bekannten Fehlentwicklungen im Reitsport und in der Haltung die Folge. Irgendwo dazwischen muss der Pferdefreund einen Weg finden, die eigenen – durchaus legitimen – Vorstellungen vom gemeinsamen Tun mit dem Pferd in Übereinkunft zu bringen mit dessen ebenso berechtigen Ansprüchen an eine artgerechte Nutzung. Nicht einfach.

7

Pferd ist nicht gleich Pferd

7. Pferd ist nicht gleich Pferd

Wäre ja auch langweilig!

Trotz aller artspezifischen Gemeinsamkeiten sind natürlich nicht alle Pferde gleich. Es sind Persönlichkeiten mit reichem Innenleben, mit individuellen Merkmalen von Charakter und Temperament. Neben den allen Pferden gemeinsamen und den ganz persönlichen Eigenschaften lassen sich Merkmale finden, die für bestimmte Untergruppen jeweils typisch sind, also von der Mehrzahl aller Vertreter dieser Gruppe gezeigt werden.

Rassespezifische Unterschiede: Kaltblüter sind cool, Ponys niedlich, oder wie?

Die tatsächlich gut zu beobachtenden und beschreibenden Rasseunterschiede äußern sich nicht im »Inhalt« des Verhaltensinventars, sondern in der Häufigkeit, Intensität oder Ausprägung, mit der ein Verhalten gezeigt wird. Es gibt also nicht etwa Dinge, die ein Kaltblüter, aber kein Pony tut, wohl aber Verhaltensweisen, die vom Kaltblüter häufiger als vom Pony, vom Vollblüter intensiver als vom Warmblut, vom Pony anders als vom Kalti gezeigt werden. Wie kommt dies?

Man geht heute davon aus, dass unsere heutigen Hauspferde ursprünglich von drei verschiedenen Subtypen des Wildpferdes (Equus ferus) abstammen. Diese Urformen waren in verschiedenen Verbreitungsgebieten entstanden und hatten sich als Anpassung an die dort vorherrschenden Lebensbedingungen entwickelt. Sie unterschieden sich voneinander in vielen Merkmalen des Exterieur; man kann nur vermuten, dass sie auch damals schon Unterschiede im Verhalten aufwiesen (es war ja leider kein Verhaltensforscher dabei ...). Später dienten diese Urtypen als Grundlage für die Herausbildung der Kulturrassen durch den züchterischen Einfluss des Menschen, der je nach eigenen Bedürfnissen und Wünschen auf bestimmte Merkmale selektierte: Wer den Vorstellungen entsprach, wurde in der Zucht eingesetzt, wer davon abwich, eben nicht.

Heute lassen sich die Kulturrassen meist recht eindeutig einer der vier Untergruppen Kaltblut, Warmblut, Vollblut und Pony zuordnen. Ausschlaggebend für diese Zuordnung sind weniger Gemeinsamkeiten im Verhalten, sondern morphologische Merkmale. Die Zuordnung zu Voll-, Warm- oder Kaltblut erfolgt je nach Kaliber (Verhältnis Körpergröße zu Körpermasse), zu den Ponys nach Stockmaß (unter 148 cm). Zudem lassen sich aus jeweils typischen anatomischen Eigenschaften auch Merkmale ableiten, die mit der Eignung zusammenhängen. Bestimmte Verhaltensmerkmale sind ebenfalls für die jeweiligen Gruppen typisch, wobei die Varianz innerhalb einer Gruppe trotzdem erheblich ist und individuelle Unterschiede durchaus signifikant sein können.

Vollblüter (in diese Gruppe fallen die Rassen Arabisches Vollblut, Englisches Vollblut und Achal Tekkiner) sind bewegungsfreudige, für Ausdauer bei großer Schnelligkeit gezüchtete Pferde. Ihr Körperbau ist entsprechend leicht, für große Lasten sind sie nicht geschaffen. Es sind oft Pferde von großer Eleganz und Schönheit, die auch durch ihre Leichtfüßigkeit und Ausstrahlung sofort ins Auge fallen. Vollblüter neigen, wohl auch bedingt durch ihre große Lauflust, bei ungünstigen Haltungsbedin-

Eleganz und Schönheit: Vollblüter wie die Achal Tekkiner faszinieren.

gungen, zu viel Stress im Training oder grobem Umgang überdurchschnittlich oft zu Verhaltensauffälligkeiten. In der Gruppe gehalten, fällt ihr im Vergleich zu anderen Pferden – etwa den Ponys – recht großer Abstand voneinander auf (Individualdistanz). Vollblüter sind bei aller körperlichen Härte sehr sensible und menschenbezogene Wesen, die aufgrund ihrer »Dünnhäutigkeit« in Gefahrensituationen zu ausgesprochen raschen Reaktionen neigen. Sie brauchen einen Reiter, der ihre körperlichen Besonderheiten berücksichtigt, ihnen eine konse-

quente, aber freundliche Führung gibt und der souverän agiert, wenn es brenzlig wird. Bei der Haltung müssen das überdurchschnittliche Bewegungsbedürfnis und die große Individualdistanz berücksichtigt werden, Vollblüter benötigen deshalb weitläufige, lang-rechteckig geschnittene Weiden und relativ viel Platz im Offenstall.

Der **Warmblüter** gilt als das geborene Reitpferd. Warmblüter werden schon recht lange vor allem auf ihre Reiteignung selektiert. Es sind stabile, har-

Lipizzanerstute Riffa verkörpert den alten, barocken Typ des Warmbluts.

Lee ist ein modernes warmblütiges Sportpferd, ein Deutsches Reitpferd.

monisch gebaute und gut bemuskelte Pferde mit belastbarem Fundament. Innerhalb dieser Gruppe sind die Unterschiede im Exterieur überraschend groß, insbesondere das Stockmaß und andere Details des Körperbaus wie etwa Halsung, Bemuskelung usw. variieren stark – die Bandbreite reicht vom knackigen, rundum stark bemuskelten Quarter

Horse über den barocken Lipizzaner bis zum edlen Deutschen Reitpferd mit »viel Blut« oder zum Friesen mit einigen Kaltblutpferdemerkmalen.

Warmblüter benötigen ebenfalls viel Bewegung. Sie werden völlig zu Unrecht von manchen Reitern als wenig vielseitig einsetzbar, nur für den reinen Turniersport geeignet und von einfachsten Anfor-

»In der Ruhe liegt die Kraft« lautet wohl das Lebensmotto der Kaltblüter – Schlaftabletten sind sie aber nicht!

derungen an soziale Intelligenz und Nervenstärke überfordert angesehen. Richtig ist vielmehr, dass Warmblüter weniger häufig als etwa Robustponys in den Genuss einer artgerechten Haltung kommen und reiterlich tendenziell einseitig gefördert werden. Es sind bei guter Haltung und vielseitiger Ausbildung oft Alleskönner unter dem Sattel und im

Gespann, die genau für diese Aufgaben seit Generationen gezüchtet wurden. Allerdings muss man feststellen, dass seit genauso vielen Generationen eben nicht oder kaum auf Eigenschaften des Interieur selektiert wurde, die für das Zusammenleben in der Herdengemeinschaft entscheidend sind. Fachleute befürchten, dass es zukünftig etwa zu

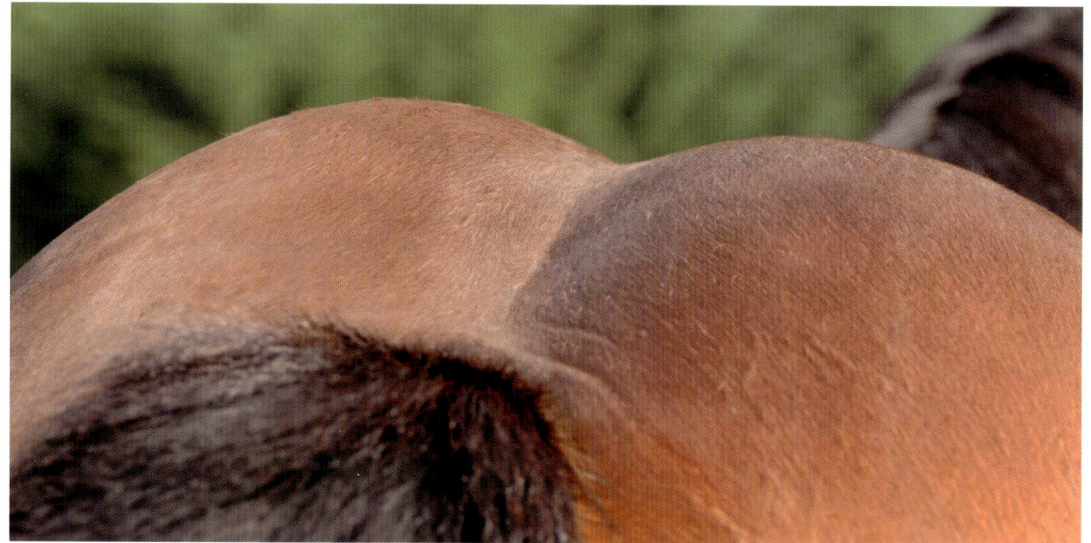

Bei Kaltblutrassen, die überwiegend für den Kochtopf gezüchtet wurden und werden, wurde und wird kaum auf Reitpferdeeignung selektiert.

Problemen im Zusammenhang mit der Fruchtbarkeit kommen wird, weil in der Warmblutzucht schon länger fast ausschließlich mittels künstlicher Befruchtung gezüchtet wird und sich Defizite im arttypischen Sexualverhalten unbemerkt ausbreiten können.

Mit einem *Kaltblüter* holt man sich einen echten Schwerarbeiter in den Stall. Kaltblutpferde sind mittelgroß bis groß und ausgesprochen stark bemuskelt. Sie sind ursprünglich in erster Linie für den Einsatz im Gespann, den Transport schwerer Lasten, aber auch als Fleischlieferant gezüchtet worden. Erst seit relativ kurzer Zeit werden viele Rassen auch vermehrt geritten, nur wenige sind traditionell sowohl als Reit- als auch als Zugpferde eingesetzt worden und bringen bereits Reitpferdepoints mit. Die Tatsache, dass viele Kaltblutrassen auch oder sogar bevorzugt für den Kochtopf gezüchtet wur-

den (und werden), kann sich nachteilig auswirken, da dafür Leibesfülle und rasche Gewichtszunahmen gefragt waren (und sind) und nicht stabile Gelenke, gut geformte und belastbare Hufe, ein gesundes Herz, ein harmonisches Exterieur.

Kaltblutpferde sind weniger bewegungsfreudig, weniger wendig, weniger schnell als ihre vollblütigen oder warmblütigen Kollegen. Dafür aber sind sie bei ruhiger Geschwindigkeit ausdauernde Lastträger und so schnell nicht aus der Ruhe zu bringen. Obwohl sie sicher nicht weniger intelligent sind, führt ihre innere Ruhe eher dazu, dass sie kaum sprunghaft reagieren und auch im Denken eher langsam erscheinen.

Bei der Unterbringung muss berücksichtigt werden, dass Kaltblutpferde in allen Dimensionen größer angelegte Stallungen benötigen. Der Untergrund ist trittsicher zu gestalten, um sicheres Ablegen und Aufstehen zu ermöglichen. Kaltblutpferde neigen

Deutlich zu erkennen: Deutsche Reitponys wie Mad Maxx sind eigentlich Warmblüter oder Vollblüter im Kleinformat.

aufgrund ihres Gewichts dazu, sich eher aufzuliegen oder Schürfwunden etwa seitlich am Sprunggelenk zuzuziehen. Ihre dichte Fesselbehaarung benötigt besondere Pflege, damit nicht Mauke und Raspe zum Dauerthema werden.

Die Gruppe der **Ponys** ist im Verhalten wie im Exterieur uneinheitlich, denn diese Kategorie umfasst im Prinzip alle Pferde mit einem Stockmaß bis 148 cm. Es lassen sich Robustponys von anderen Rassen unterscheiden, die im Typ eigentlich kleine Warmblüter oder Vollblüter sind wie etwa das Deutsche Reitpony. Nimmt man Robustponys wie Islandpferde, Shetland Ponys, Haflinger des alten Schlags oder auch Norweger als Maßstab, werden die Gemeinsamkeiten deutlicher. Es sind gut bemuskelte, wendige Pferde im Kleinformat mit auffallend dichtem Langhaar, kleinen Ohren und runden Formen. Ihr Kleinwuchs ist der relativ schlechten Futtergrundlage und den ungünstigen Klimabedingungen in ihren Ursprungsländern geschuldet. Durch den oft kompakten Hals mit geringer Ganaschenfreiheit sind sie teilweise dressurmäßig weniger gut in eine korrekte Aufrichtung und Beizäumung zu reiten. Aufgrund ihres tonnigen Rumpfes mit wenig Widerrist benötigen sie häufig speziell auf sie zugeschnittene Sättel.

Ponys gelten als sehr pfiffig, aber auch selbständig, was sie im Umgang stur erscheinen lassen kann. Sie sind wendig und trittsicher, ausgesprochen wetterfest und miteinander sehr gut verträglich mit auffallend geringer Individualdistanz.
Gerade in Bezug auf die Rasse- oder Gruppenzugehörigkeit finden sich häufig Vorurteile, wenn etwa Vollblüter als »spinnert« oder Warmblüter als »dumm« abgetan werden. Hier wird oft nicht erkannt, dass für bestimmte Rassen oder Gruppen

auch bestimmte Haltungsbedingungen, Einsatzgebiete und Trainingsmethoden die Norm sind und das diese wiederum starken Einfluss auf die individuelle Ausprägung von Eigenschaften wie Vielseitigkeit, soziale Intelligenz, Zuverlässigkeit und andere haben. Hinzu kommt: Diese Zusammenhänge zwischen Rasse und Haltungsform oder Nutzung bestehen oft bereits seit vielen Pferdegenerationen und beeinflussen natürlich dann auch die genetische Ausstattung. Wenn man Pferde einer bestimmten Rasse fast ausschließlich in Einzelhaltung aufstallt, wird kaum die soziale Verträglichkeit zum Auswahlkriterium einer Zucht gemacht werden (können). Wenn vor allem Erfolge im Springen oder in der Dressur für die Zuchtauswahl

zählen, das Reiten im gesicherten Raum (Reithalle, Außenreitplatz) üblich ist, wird das Ergebnis dieser Zucht kein vielseitig begabtes, im Gelände nervenstarkes Pferd sein. Sehr viele Merkmale sind eben sowohl genetisch bedingt als auch durch Faktoren wie Aufzucht, Haltung, Ausbildung und Umgang – da zu differenzieren, ist im Einzelfall schwer.

Geschlechtsspezifische Unterschiede: Zicken, Machos und das dritte Geschlecht

»Der Reiter bittet die Stute, befiehlt dem Wallach und konsultiert den Hengst« – so will es ein altes Sprichwort wissen. Pferdekenner sehen einem Pferd

Gerade Ponys werden schon seit Generationen robust und in Gesellschaft gehalten und sind deshalb auch genetisch entsprechend ausgestattet.

an der Nasenspitze an, welchem Geschlecht es angehört, und das ist durchaus erwünscht. Gerade bei Zuchtpferden achtet man neben dem Rassetyp auch auf den Geschlechtstyp. Es sind die Hormone, die den »kleinen Unterschied« machen. Neben den primären Geschlechtsmerkmalen fallen weitere, äußere Geschlechtsunterschiede auf, doch auch das Verhalten zeigt deutliche geschlechtsspezifische Aspekte.

Hengste sind eigentlich permanent auf Droge: Männliche Geschlechtshormone wirken anabol, fördern den Aufbau von Muskelmasse, steuern den Sexualtrieb, unterstützen dominantes und aggressives Verhalten. Hengste fallen optisch oft durch ihre ausgeprägte Halsung auf, bei vielen Pferdemännern fällt auch das Langhaar üppiger aus. Vor allem aber lassen viele Hengste durch ihr Verhalten erkennen, dass man es mit einem »richtigen Mann« zu tun hat – damit sind aber keineswegs die Verhaltensauffälligkeiten gemeint, die zu Unrecht als typische Hengstmanieren angesehen werden und doch Ausdruck einer falschen Haltung und eines unsachgemäßen Umgangs mit dem vermeintlichen potentiellen Killer Hengst sind. Hengste sind nicht von Natur aus eine Gefahr für ihre Artgenossen und für den Menschen, sie gehen nicht permanent auf zwei Beinen durchs Leben und begatten alles, was nicht schnell genug auf den nächsten Baum klettert.

Hengste konkurrieren mit anderen »echten Männern« um die Gunst der Stuten, sie zeigen dann

Hengste sind keine aggressiven Machos, wenn sie gut gehalten und korrekt erzogen werden. Stimmt´s, Spritti?

So manchem Wallach steht die Friedfertigkeit förmlich ins Gesicht geschrieben.

Sozial kompetente Hengste agieren Menschen gegenüber nicht auffallend aggressiv, da der Mensch kein Sozialpartner (weder Sexualpartner noch Konkurrent) ist. Hengste neigen allerdings dazu, immer wieder – meist subtil und nicht offen provokativ – den Rang des Menschen in Frage zu stellen. Sie lassen sich dann durch souveränes, unbeirrtes Verhalten ihrer Bezugsperson meist sehr gut korrigieren, während aggressives Auftreten des Menschen, vor allem wenn es dessen innere Unsicherheit und Selbstzweifel überdecken soll, zur Eskalation führt. Viele Hengsthalter berichten, dass ihre Hengste im Umgang und im Training sehr leicht zu leiten seien und sich stets bemühten, dem Menschen zu gefallen.

Die in Reiterkreisen als »Hengstmanieren« bekannten Unarten sind also kein typisches Hengstverhalten, sondern Fehlentwicklungen infolge falscher Haltung und unsachgemäßen Umgangs.

Wallache sind »Hengste light«. Die Kastration nimmt ihnen zwar die Hauptquelle für männliche Sexualhormone, doch je nachdem, wie lange sie bereits unter deren Einfluss gelebt haben, bleiben entsprechende Verhaltensweisen und Körpermerkmale mehr oder weniger intakt. Auch Wallache können Stuten für den eigenen Harem beanspruchen oder mit anderen Wallachen um deren Gunst kämpfen. Meist aber sind es sehr friedfertige, leicht zu handhabende und oft bis ins hohe Alter ausgesprochen verspielte Wesen, die auch im Sport Großes leisten, weil ihnen nicht immer die Hormone dazwischen funken. Im Spiel zeigen sie das typische ritualisierte Kampfverhalten.

Imponiergehabe und Kampfverhalten. Ohne die Anwesenheit des holden Geschlechts aber sind sie anderen Hengsten und Wallachen gegenüber duldsam. Bei Kämpfen oder Kampfspielen zeigen sie einen sehr ritualisierten Ablauf mit gegenseitigem Ansteigen, Niederknien, Umkreisen und Bissen in die Hinterhand. Ihre Stuten halten sie unter Kontrolle, den Fohlen gegenüber zeigen sie sich fürsorglich und spielen sogar hingebungsvoll, insbesondere mit Hengstfohlen.

Stuten gelten als zickig und unterscheiden sich im Verhalten vor allem den Artgenossen gegenüber ganz deutlich von ihren männlichen oder kastrierten Kollegen. Im Aussehen sind sie oft weiblich geprägt, vor allem der mütterliche Gesichtsausdruck von Zuchtstuten ist selbst von Laien korrekt zuzuordnen. Ihnen fehlt der starke Aufsatz des Hengstes, oft sind sie rumpfiger als Wallache.

Untereinander sind Stuten häufig wenig verträglich, sie neigen zu Streitigkeiten, die allerdings anders ausgetragen werden als bei Hengsten und Wallachen. Stuten stehen meist quiekend hartnäckig Kruppe an Kruppe, drücken sich gegenseitig weg und keilen aus. Sie spielen kaum miteinander, allenfalls kommt es auf der Weide zu kurzen Laufspielen, bei denen sie aber nicht in dem Maße interagieren wie Wallache oder Hengste. Bei diesen lassen sich regelrechte Wettrennen beobachten, Stuten rennen mehr zufällig nebeneinander, weil sie gerade gleichzeitig in derselben Stimmung sind.

Im Umgang und beim Training können Stuten dazu neigen, zu »diskutieren«. Sie scheinen häufiger »Einwände« vorzubringen als Wallache und zeigen insbesondere zyklusbedingt auch Schwankungen in ihrem Verhalten. In freier Wildbahn übernehmen Leitstuten oft die Führungsrolle, wobei noch umstritten ist, wer letztlich in einer Herde das Sagen hat: Der Haremshengst oder die Leitstute. In jedem Fall sind Stuten nicht etwa Hengsten gegenüber grundsätzlich unterlegen: Wer einmal gesehen hat, wie beim freien Herdensprung nicht deckbereite Stuten dem Hengst die Hinterhufe um die Ohren fliegen lassen und ihm ganz deutlich zeigen, wo sein Platz ist – weg hier, aber dalli! – wird die Vorstellung von der Überlegenheit des männlichen Geschlechts schnell als Wunschtraum erkennen ...

Werden Stuten viel im Sport eingesetzt, sind sie oft optisch nicht so einfach als »Mädchen« zu erkennen.

Zusammengefasst ...

Mit einer bestimmten Rasse ist nicht die Garantie auf genau definierte Eigenschaften verbunden, doch treten manche (Verhaltens)Merkmale innerhalb der Kategorien Vollblut, Warmblut, Kaltblut oder Pony gehäuft auf. Auch die Zugehörigkeit zu einem Geschlecht wirkt sich stark auf die innere

Von wegen »schwaches Geschlecht«: Allzu stürmischen Hengsten fliegen die Hufe um die Ohren!

Ausstattung aus, was Folgen für die Art und Weise hat, wie der Mensch mit seinem Pferd umgehen muss, um ihm gerecht zu werden.

... heißt das für den Pferdefreund

Teil des Pferd-Seins ist auch die Zugehörigkeit zu einer Rasse oder Rassegruppe, die sich durch ihre genetische Ausstattung von anderen abgrenzt. Dieses Vollblut-Sein oder Pony-Sein gilt es zu respektieren, ebenso wie man das Hengst-Sein oder Stute-Sein eines Pferdes akzeptieren muss. Im Umgang wie im Training müssen die damit verbundenen Besonderheiten berücksichtigt und Grenzen erkannt werden.

Auge in Auge

8

8. Auge in Auge

Aber nicht Zahn um Zahn

Die gemeinsame Arbeit am Boden erweitert das Training und unterscheidet sich in einigen wichtigen Merkmalen vom Reiten oder Fahren.

Einiges bleibt gleich: Der Mensch bedient sich gewisser Ausrüstungsgegenstände, die Trainingsinhalte können identisch oder ähnlich sein, man bewegt sich weiterhin innerhalb der Strukturen einer Reitweise, gewisse Trainingsrichtlinien wie die Einteilung jeder Trainingseinheit in drei Phasen (Lösen, Arbeiten, Entspannen) haben auch hier Gültigkeit.

Manches ändert sich: Der offensichtlichste Unterschied ist der, dass sich Pferd und Mensch nun am Boden bewegen, mal mit mehr, mal mit weniger Abstand. Oft heißt es, nun könne besonders gut und effektiv mittels Körpersprache kommuniziert werden, doch lässt sich dies nicht uneingeschränkt auf alle Formen der Bodenarbeit übertragen. Immer aber wird der Mensch sein Pferd besser mit den Augen erfassen als bei der Arbeit unter dem Sattel und so auch die Wirkung seiner Signale sehen und abschätzen, eine gute Grundlage für Verbesserungen. Auch das Pferd kann den Menschen bei vielen Formen der Bodenarbeit nun sehen und körpersprachliche Signale wahrnehmen – einerseits eine Chance für eine optimierte Feinabstimmung, andererseits potentielle Ursache für viele Probleme. In jedem Fall aber ist sachgerechte Bodenarbeit eine unverzichtbare Grundlage, wenn es um die

- Grundausbildung von Jungpferden,
- Korrektur von Problempferden,
- lastfreie Arbeit von alten oder rekonvaleszenten Pferden sowie

- Ergänzung und Erweiterung der Arbeit unter dem Sattel bei allen Pferden geht.

Hinsichtlich der Kommunikation und des Verhaltens sind einige Aspekte besonders beachtenswert – rechts sehen Sie einen Überblick.

Dies hat zur Folge, dass der Mensch
- den Erfolg oder Misserfolg seiner Arbeit, aber auch die Wirkung seiner Signale unmittelbar sehen kann,
- den Pferdekörper und sowohl Einzelheiten der Gangmechanik als auch weitere Details wie Stellung, Biegung, ein etwaiges Verwerfen im Genick usw. mit den Augen erfasst,
- sich mit dem Pferd auf derselben Ebene befindet und in einer Situation, die dem Pferd vertrauter ist als das Auf-dem-Rücken-Sitzen und
- sich durch optische Signale mit seinem Pferd verständigen kann.

Das Pferd wiederum
- erfasst den Menschen und seine Signale auch über die Augen, was beim Reiten und Fahren nicht oder nur äußerst eingeschränkt möglich ist;
- befindet sich in einer Situation, in der es oft entspannter und unbelasteter und damit aufnahmefähiger für Neues ist;
- kann empfänglicher sein für eine Umgangsweise und Lerninhalte, die an sein natürliches Verhalten anknüpfen.

Wer jetzt an »Dominanztraining« denkt, stopp! Mit kaum einem Begriff, mit kaum einem Trainingsinhalt wurde und wird soviel Schindluder getrieben.

Überblick Bodenarbeit

Bodenarbeitsform	Mensch > Pferd	Pferd > Mensch
Freilaufen, freispringen	Der Mensch sieht und hört das Pferd und kann Signale über die Stimme, mittels Körpersprache und über die Longierpeitsche vermitteln.	Das Pferd kann den Menschen meistens, aber nicht in jeder Phase beobachten (etwa nicht direkt vor und über dem Sprung).
Führen	Je nach Führposition nimmt der Mensch sein Pferd optisch nur eingeschränkt wahr, er sieht etwa in der klassischen Führhaltung nur Kopf und Hals, während der Westernreiter sein Pferd sogar hinter sich gehen lässt und es nicht sieht. Botschaften werden über Stimme, Körpersprache, Gerte und Führstrick übermittelt.	Über das dem Menschen zugewandte Auge (klassische Führposition) oder über beide Augen (Westernreiter, sofern der Abstand groß genug ist) kann das Pferd die Körpersprache des Menschen gut erfassen.
Longieren und Doppellongenarbeit	Beim Arbeiten auf dem Zirkel sieht der Mensch sein Pferd im Aufriss und kommuniziert mit ihm mittels Stimme, Körpersprache, Longe und Longierpeitsche.	Lautsprache, Körpersprache und Signale der Ausrüstung werden bei guter Aufmerksamkeit umfassend wahrgenommen. Das aufmerksame Pferd wendet dem Menschen ein Ohr zu und kann ihn mit dem inneren Auge gut sehen.
Fahren vom Boden, Langzügelarbeit	Je nach Abstand zum Pferd sieht der hinter diesem gehende Mensch nur die Oberlinie und Teile der inneren Körperseite oder auch die Beine. Er vermittelt Signale über die Stimme, die Leinen und die Gerte oder Handarbeitspeitsche. Bei der Langzügelarbeit wird teilweise der direkte Kontakt zwischen Hand und Kruppe gesucht und gehalten.	Der Mensch bewegt sich fast durchgängig in einem Bereich, der vom Pferd mit den Augen nicht erfasst werden kann – hier muss gegenseitiges Vertrauen herrschen und die Abstimmung über Stimme und Ausrüstung gut funktionieren.
Arbeit an der Hand	In Abhängigkeit von der aktuellen Position und der Lektion hat der Mensch teilweise direkten Körperkontakt. Er kann sein Pferd unterschiedlich vollständig mit den Augen erfassen und mittels Stimme, Körpersprache und über die Ausrüstung mit ihm kommunizieren.	Ähnlich wie beim Führen kann das Pferd den Menschen mit einem Auge sehen und zusätzlich Signale über Stimme, Zäumung und Gerte aufnehmen.

Westernreiter führen ihre Pferde meist so, dass sie selbst vorangehen.

Dominanztraining? Nein danke!

Mit Dominanz ist ein Ungleichgewicht im sozialen Status zwischen zwei Individuen gemeint, wobei ein Individuum (das dominante) Rechte und Freiheiten für sich beansprucht, diese Rechte und Freiheiten aber bei dem anderen Individuum (dem subdominanten) einschränkt. Das subdominante Individuum akzeptiert dieses Ungleichgewicht. Dominanz und Subdominanz sind keine Eigenschaften eines Individuums, sondern Merkmale einer Beziehung, es gibt also kein »dominantes« Pferd, sondern immer nur ein »in Beziehung zum Menschen XY dominantes« Pferd. Wie ein Pferd sich gegenüber einem bestimmten Menschen verhält, hängt von den gemachten Erfahrungen ab – umgekehrt gilt dies genauso. Hat ein Pferd in der Vergangenheit stets erfahren, dass seine eigenen Rechte und Freiheiten vom Menschen nicht eingeschränkt wurden und haben seine Menschen dies stets akzeptiert wird es wohl eher geneigt sein, auch bei neuen Beziehungen von diesem grundsätzlichen Status quo auszugehen.

Dominanz dem Pferd gegenüber und eine freundschaftliche, fürsorgliche Beziehung schließen einander nicht aus, im Gegenteil.

Dominanz und Aggression haben nichts miteinander zu tun, ein innerhalb einer definierten Beziehung dominantes Pferd ist nicht aggressiver als ein subdominantes, auch wenn viele Menschen dies annehmen. Aggression entsteht erst, wenn diese Rangfolge in Frage gestellt wird. Dies wird das Pferd – aus seiner Sicht verständlich – nicht dulden und entsprechend reagieren.

Wer in solchen Fällen nach einem der vielen, oft selbsternannten Pferdeflüsterer schreit (nur wenige, begnadete Menschen verdienen diesen inzwischen reichlich abgenutzten Titel wirklich) und hofft, dieser könne mittels »Dominanztraining« dem aufmüpfigen Gaul ein für alle Mal zeigen, wo der Hammer hängt, hat schon verloren. Eine dritte Person kann natürlich nie und nimmer die Rangfolge zwischen einem Pferd und seinem Menschen definieren oder umdefinieren. Hinzu kommt, dass viele dieser Pseudo-Trainer ihr Handwerk lediglich so gut beherrschen, dass sie unerfahrene Pferdeleute damit beeindrucken können. Sie arbeiten häufig mit sehr viel Druck, ja mit Gewalt, sie werden so oft erst zum Auslöser von aggressivem Verhalten beim Pferd.

Und noch ein Haken: Sehr häufig kommt es vor, dass von menschlicher Seite mangelnder Gehorsam des Pferdes als Dominanzproblem interpretiert wird: »Das Pferd WILL nicht gehorchen!«. In Wirklichkeit liegen in den meisten Fällen ganz andere Ursachen dem Problem zugrunde und selbst sachgerechtes Dominanztraining würde nicht helfen. Ausbildungsdefizite sind keine Frage der Rangfolge ...

Bodenarbeit mit Pfiff

Ein Grundprinzip artgerechter Bodenarbeit beruht darauf, dass rangniedrige Pferde vor ranghohen Pferden ausweichen. Oder umgekehrt: Das in einer Beziehung dominante Pferd bringt das subdominante zum Ausweichen. Vereinfach gesagt, geschieht dies durch die bloße Annäherung des ranghohen Pferdes. Jedes Pferd (jeder Mensch übrigens auch) hat um sich herum einen unsichtbaren Schutzraum, die Individualdistanz, und nähert sich

Wer wem auszuweichen hat, regelt die Rangfolge – auch hier übrigens, wie man sieht, ohne Beschädigung.

ein ranghohes Pferd einem rangniedrigen, »berührt« der Schutzraum des ranghohen Tiers den des rangniedrigen und verursacht ein Weichen. Je nach der Bewegungsrichtung beider führt eine solche Ausweichreaktion zu unterschiedlichen Ergebnissen: Das subdominante Pferd weicht zur Seite, nach vorne, rückwärts aus oder es bleibt stehen.

Auf diesem Prinzip basieren zahlreiche Bodenarbeitstechniken. Zwei seien hier exemplarisch herausgegriffen, die grundlegenden Dynamiken lassen sich aber auf andere übertragen.

Die bekannteste Form der Bodenarbeit ist das *Longieren*. Hier gibt es eine Grundhaltung – sie wurde weiter vorne bereits kurz vorgestellt – des Longenführers, die auf dem arttypischen Verhalten des Pferdes basiert. Der Longenführer steht an der Spitze eines gleichschenkligen Dreiecks, dessen Basis vom Pferd selbst gebildet wird. Ein Schenkel besteht in der Longe, die zum Kopf des Pferdes

Ein angedeuteter Schritt nach vorne treibt das Pferd nach außen.

führt, der andere Schenkel aus der Longierpeitsche und einer gedachten Verlängerung, die zur Kruppe zeigt. Der Mensch steht stabil in der Zirkelmitte auf Höhe der Rumpfmitte des Pferdes. Mit der Longierpeitsche und ihrem Schlag in Richtung Kruppe ausgeführte Bewegungen wirken nun vorwärts treibend auf das Pferd, da damit die Distanz vom dominanten Menschen unterschritten wird und das Pferd diesem Impuls folgend vorwärts gehen muss. Begrenzt durch die Longierpeitsche und evtl. die Bande wird es sich auf der Zirkellinie bewegen. Führt der Mensch Bewegungen in Richtung Rumpfmitte aus treibt dies das Pferd seitwärts, weg vom Menschen. Jede Bewegung in Richtung oder vor den Kopf hingegen wird als Verlangsamung bis zum Halt umgesetzt.

Auch ganz ohne Ausrüstung funktioniert dieses Prinzip. Die einfachste Spielart der Freiheitsdressur beruht darauf, dass der Mensch in der Zirkelmitte seine Basis hat und das Pferd auf dem Zirkel treibt, aber anders als beim recht streng reglementierten Longieren verlässt der Mensch auch seinen Platz, um sich Richtung Kruppe, Richtung Rumpf oder Richtung Kopf zu bewegen und das Pferd vorwärts oder seitwärts zu treiben, zu stoppen, anzuhalten oder zu wenden. Für Pferde einleuchtend.

Krumme Sachen am Boden

Dieses Ausweichen des subdominanten gegenüber dem dominanten Partner lässt sich auch anwenden, wenn der Reiter sein Pferd am Boden vorwärts-seitwärts arbeiten will. Bei der Arbeit an der Hand gibt der Mensch die Distanz zum Pferd weitgehend auf und rückt nahe heran. Es ist nun möglich, etwa mit dem gezäumten Pferd und mittels Zügeln und einer Gerte in den Seitengängen zu arbeiten. Zum Schulterherein beispielsweise, auf der linken Hand gehend, wird der Reiter den linken Zügel so mit der linken Hand nahe am Gebissring erfassen, dass seine Finger den Zügel umschließen und der Daumen in Richtung Pferdemaul zeigt. Der rechte Zügel wird etwa hinter dem linken Schulterblatt aufgelegt, die rechte Hand erfasst Zügel und Gerte, wobei die Gerte nach hinten zeigt. Die Hilfengebung ist nun eigentlich dieselbe wie beim Reiten, wobei ein Faktor entscheidend ist: Bewegt sich der Mensch im korrekten Winkel auf das Pferd zu, wird es ihm ausweichen und sich mit minimaler Einwirkung über die Zügel und leicht angelegter Gerte in schöner Haltung vorwärts-seitwärts bewegen. Pferde, die in dieser Situation nicht leicht und selbstverständlich ausweichen, lassen sich oft nur mit intensiverer Einwirkung vor allem der Gerte vom Menschen weg bewegen.

Wer das Prinzip des Ausweichens einmal verinnerlicht hat, wird es überall wiederfinden: Beim Führen seines Pferdes, wo er nicht bedrängt und nicht hinterher geschleift wird; beim Betreten von Stall oder Weide, wo der Mensch vorangeht und nicht an den Pfosten gedrückt wird; beim Fahren vom Boden, wo er das vorneweg schreitende Pferd von hinten vor sich her treibt.

Dominant, aber nett

Gegenüber ihrem Pferd dominante Menschen sind nicht unfreundlich oder gar aggressiv, wer wirklich souverän ist, muss nicht andauernd auf seinem hohen Rang »herumreiten«. Sie geben, ganz nach Pferdeart, ihrem Pferd auch Sicherheit. Dauernde Rangordnungsauseinandersetzungen untergraben dagegen eine Beziehung und verunsichern beide Partner, während das dominante Pferd nicht nur zur Landplage werden kann, sondern auch selbst andauernd Führungsaufgaben übernehmen muss und sich nicht entspannen darf – der Mensch tut seinem Pferd also sogar einen Gefallen, wenn er den

Aus dieser Position treibt Mirka den jungen Hengst nach vorne.

überlegenen Rang für sich beansprucht, auch wenn dies aus rein menschlicher Sicht nicht gut nachzuvollziehen ist.

Wer souverän ist, muss nicht zu Gewalt greifen, auch nicht zu psychischer. Und die gibt es durchaus: So mancher Pseudo-Pferdeflüsterer bringt es fertig, dass die ihm zur Korrektur überlassenen armen Pferde buchstäblich durch und über Zäune gehen oder als Häufchen Elend in der Ecke liegen vor Angst. Ein Armutszeugnis. Im Einzelfall kann es bei sehr, sehr starken Pferdepersönlichkeiten mit einer langen Vorgeschichte durchaus zu gerichteter Aggression gegenüber Menschen kommen, die sich als ranghöher etablieren wollen oder müssen. In diesen und nur in diesen Fällen ist es wichtig und richtig, mit dosierter, intensiver Einwirkung auf den eigenen Schutz zu achten und das Fehlverhalten zu korrigieren. Ganz ohne Druck geht es dann nicht. Im Alltag des Durchschnitts-Pferdemenschen aber kann auf Gewalt verzichtet werden. Auch in Pferdekreisen wird dafür gesorgt, dass es nicht andauernd zu Verletzungen kommt – beispielsweise durch Imponiergehabe und ritualisierte Abläufe statt ernsthafter, auf Verletzung des anderen abzielender Angriffe.

Wer Pferde verstehen will, muss Verständnis für ihr Pferd-Sein entwickeln.

Zusammengefasst ...

Bodenarbeitstechniken sind oft besonders geeignet, einander näher zu kommen und die Kommunikation aktiv wie passiv zu verfeinern. Dabei darf und soll durchaus ganz klassisch gearbeitet werden, während auf Dominanztraining meist völlig verzichtet werden kann. Der Wert dieser Technik wird meist überschätzt, zudem wird sie oft nicht nur falsch angewendet, sondern auch zur »Korrektur« völlig normaler Pferde dann eingesetzt, wenn Ausbildungsdefizite und nicht etwa eine vermeintliche Dominanz die Ursache für Probleme im Miteinander sind.

... heißt das für den Pferdefreund

Wer ein oder mehrere Bodenarbeitstechniken anwendet und sich erarbeitet, dem erschließen sich ganz neue Möglichkeiten, sein Pferd vom Boden aus nicht nur zu trainieren und effektiv zu gymnastizieren, sondern selbst in Sachen Kommunikation dazuzulernen. Da man sich gegenseitig im Auge behalten kann und viele Formen der Einwirkung weniger

Wir haben es in der Hand, ein artgerechtes Lebensumfeld für unser Pferd zu schaffen.

auf der »Kunstsprache« Reiterhilfe, sondern vielmehr auf arttypischen Verhaltensweisen beruhen, ist die Bodenarbeit auch für das Pferd ein guter Weg, sich dem Menschen anzunähern.

Es hat etwas von einem Kreislauf: Wer sein Wissen über Pferde, seine Erfahrungen mit Pferden in einem Umfeld erwirbt, das ihre arttypischen Bedürfnisse nicht ausreichend berücksichtigt, wird zu völlig falschen Einschätzungen kommen und dann mit seinem Pferden so umgehen, dass sie sich nicht

pferdetypisch verhalten können – ein Teufelskreis. Wer aber das Glück hat, Pferde in einem weitgehend artgerechten Lebensumfeld von Grund auf kennenlernen zu können, wird ein tiefes Verständnis für ihr Pferd-Sein verinnerlichen und ihre grundlegende Andersartigkeit begreifen und respektieren lernen. Er wird dann und nur dann die Lebensumstände seines Pferdes so gestalten können, dass es Pferd sein darf. Wie schön für beide!

Was bleibt?

Es bleiben sicherlich Fragen offen. Einige davon könnten sein: Warum werden nicht längst alle Pferde artgerecht gehalten, wenn man doch schon so lange gut Bescheid weiß über ihre arteigenen Bedürfnisse? Eine andere: Warum gibt es so viele ganz unterschiedliche Produkte, Trainer, Ausrüstungsgegenstände, Ausbildungsmethoden, die alle mit Begriffen wie »pferdefreundlich« oder »natürlich« beworben werden – es können doch nicht alle »richtig« sein, wenn sie sich schon im Ansatz, in der Ausführung, im Grundgedanken gegenseitig ausschließen? Wie kommt es, dass auf der einen Seite in den Grundlagen einer Reitlehre viele Ziele, Einstellungen und Ausbildungswege festgeschrieben sind, die durchaus mit den Erkenntnissen der Verhaltenskunde und anderen belegbaren Forschungsergebnissen vereinbar sind, die dem Pferd mit seinen arttypischen Bedürfnissen und Ansprüchen weitgehend entsprechen, und auf der anderen Seite in der praktischen Anwendung dieser Reitlehren so eklatante Verstöße gegen genau diese Grundlagen zu sehen sind, die noch dazu offiziell abgesegnet, zumindest aber geduldet werden?
Der Grund ist ganz einfach: Wir Pferdefreunde haben noch nicht genug getan. Haben zu oft weggesehen. Den Mund gehalten. Uns abgewendet. Sind aus Frust eigene Wege gegangen. Die Alternative: Aktiv werden!

Am besten fangen wir bei uns selbst an, bei unseren eigenen Pferden, der Reitbeteiligung, den Schulpferden. Das bringt alles nichts? Von wegen! Von alleine wird sich nichts ändern, aber es gibt ein ausgesprochen effektives und erprobtes Mittel, um Druck auszuüben: Geld. Sehen wir uns einfach in erster Linie als Verbraucher an, die selbstverständlich ganz frei darüber bestimmen, wofür sie Geld ausgeben. Für den Pensionspreis im Offenstall statt in der dunklen, muffigen Box. Für Pferde, die artgerecht aufgezogen und sorgfältig ausgebildet wurden statt für die preislich günstigeren aus der Schmuddelhaltung und der Turboausbildung. Für einen Reitlehrgang statt für das schärfere Gebiss. Für die Startgebühr auf einem Turnier mit Prüfungen, die wirklich sinnvoll sind.

Wir dürfen nie vergessen: Unsere Pferde sind völlig von uns abhängig. Sie können nur das Leben annehmen, das wir für sie gestalten. Es gibt für sie keine Alternative, und das nimmt jeden von uns in die Pflicht. Und wenn genügend Pferdefreunde sich von solchen Ställen, Trainern, Produkten abwenden, tut es den Anbietern im Geldbeutel weh. Wetten, da rührt sich etwas? Drücken wir gemeinsam die Daumen, unseren Pferden zuliebe, die das alle miteinander verdient haben.

Angelika Schmelzer lässt sich als freiberufliche Pferdefach-journalistin und Pferdefotografin nicht nur am Arbeitsplatz, mit Blick auf die eigenen, über die Höhen des Hunsrück galoppierenden Pferde, heimeligen Geruch um die Nase wehen. Auch in ihrer Freizeit sammelt sie im Stall neue Ideen für ihr nächstes Buch, interessante Artikel oder reizvolle Fotografien. Pferde sind aus ihrem Leben nicht wegzudenken. Persönlich wie beruflich ist sie dem anspruchsvollen Reiten jenseits von Turnierplätzen und Shows verpflichtet. Dies spiegelt sich auch in ihren inzwischen knapp 30 veröffentlichten Fachbüchern wieder. Jahrelange Erfahrung in der Haltung und Ausbildung und der tagtägliche Umgang mit ganz unterschiedlichen Pferden sorgt für jede Menge Bodenhaftung und Praxisnähe in ihren Texten, der alle Pferdefreunde einende Traum vom Glück auf dem Rücken der Pferde findet sich in ihren Fotografien wieder.

Unsere Erfolgsreihen auf einen Blick

Die Reitschule *(Auswahl)*

Heinrich Bergmann-Scholvien, **Arbeit an der Doppellonge,** ISBN 978-3-275-01805-5

Urte Biallas, **Bodenarbeitskurs,** ISBN 978-3-275-01830-7

Monika Hannawacker, **Zirkuslektionen,** ISBN 978-3-275-01831-4

Marlit Hoffmann, **Reiterrallyes – Reiterspiele,** ISBN 978-3-275-01850-5

Ute Holm/Carola Steen, **Westernreiten für Einsteiger,** ISBN 978-3-275-01858-1

Hannelore Leiser, **Voltigieren für Einsteiger,** ISBN 978-3-275-01856-7

Jutta Plötz, **Islandpferde – halten, pflegen, reiten,** ISBN 978-3-275-01829-1

Angelika Schmelzer, **Pferde erziehen,** ISBN 978-3-275-01709-6

Britta Schön, **Mein erster Turnierstart,** ISBN 978-3-275-01777-5

Viviane Theby, **So lernen Pferde,** ISBN 978-3-275-01804-8

Sigrid Weppelmann/Sandra Mensmann, **Longieren,** ISBN 978-3-275-01727-0

Sigrid Weppelmann, **Basispass Pferdekunde,** ISBN 978-3-275-01750-8

Inga Wolframm, **Angstfrei reiten,** ISBN 978-3-275-01729-4

Die Hundeschule *(Auswahl)*

Annegret Bangert, **Begleithundprüfung,** ISBN 978-3-275-01779-9

Ann-Sophie Griebel, **Clicker-Training,** ISBN 978-3-275-01714-0

Micaela Köppel, **Spiel und Spaß für jeden Tag,** ISBN 978-3-275-01732-4

Petra Krivy/Angelika Lanzerath, **Darf der das?,** ISBN 978-3-275-01835-2

Petra Krivy/Angelika Lanzerath, **Einer geht noch ...,** ISBN 978-3-275-01863-5

Petra Krivy/Angelika Lanzerath, **Was ein Welpe lernen muss,** ISBN 978-3-275-01689-1

Petra Krivy/Angelika Lanzerath, **Hunde verstehen,** ISBN 978-3-275-01756-0

Petra Krivy/Angelika Lanzerath, **Gut erzogen von Anfang an,** ISBN 978-3-275-01731-7

Petra Krivy/Angelika Lanzerath, **Mein Hund im Flegelalter,** ISBN 978-3-275-01810-9

Uta Reichenbach/Gabriele Lehari, **Sinnvolle Beschäftigung,** ISBN 978-3-275-01929-8

Monika Schaal/Ursula Breuer, **Gastfreundlich,** ISBN 978-3-275-01862-8

Monika Schaal/Ursula Breuer, **Komm zu mir!,** ISBN 978-3-275-01623-5

Monika Schaal/Ursula Daugschieß-Thumm, **Lockere Leine,** ISBN 978-3-275-01621-1

Andrea Schmidt/Gunter Mattes, **Flyball,** ISBN 978-3-275-01912-0

Beate Schwarz, **Dummy-Training,** ISBN 978-3-275-01690-7

Manuela van Schewick, **Apportieren mit Spaß,** ISBN 978-3-275-01754-6

happy cats *(Auswahl)*

Sylvia Born, **Katzenkinderstube,** ISBN 978-3-275-01864-2

Nina Ernst, **Zufriedene Stubentiger,** ISBN 978-3-275-01760-7

Gabriele Müller, **Miau – Katzensprache richtig deuten,** ISBN 978-3-275-01782-9

Gabriele Müller, **Katzenspiele,** ISBN 978-3-275-01811-6

Annette Thomée, **Gesunde Katze,** ISBN 978-3-275-01839-0

Jedes Buch mit 96 Seiten,
ca. 80 Abb., broschiert,
je € 9,95/CHF 18,90/€(A) 10,30